巨人機的時代

THE GLORIOUS DAYS OF GIANT BOMBERS

渡邊信吾／著

Shingo Watanabe

楓書坊

Contents
目錄

004　前言

005　**第一章　第一次世界大戰～戰間期**

006　伊利亞·穆羅梅茨

008　R級齊柏林

010　西門子-舒克特 R.Ⅰ

012　都尼爾／齊柏林·林道 Rs.Ⅲ

014　林克·霍夫曼 R.Ⅰ

016　林克·霍夫曼 R.Ⅱ

018　齊柏林·斯塔肯 E.4/20

020　塔蘭特 小鼓式

022　西門子-舒克特 R.Ⅷ

024　卡普羅尼 Ca.90

026　三菱 Ki-20 九二式重爆擊機

028　加里寧 K-7

030　圖波列夫 ANT-20 馬克西姆·高爾基

032　波音 XB-15

034　道格拉斯 XB-19

036　波音 314

038　**COLUMN.1**

039　**第二章　第二次世界大戰**

040　布洛姆+福斯 BV 222

042　拉泰科埃爾 631

044　梅塞施密特 Me 264

046　亨克爾 He 111Z 雙胞式

048　梅塞施密特 Me 323 巨人式

050　中島 G5N 深山

054　容克斯 Ju 390

056　波音 377 同溫層巡航者式

058　團結 B-32 支配者式

060　馬丁 JRM 火星式

062　**COLUMN.2**

063　**第三章　第二次世界大戰後～現代**

064　諾斯洛普 YB-35 飛翼式

066　休斯 H-4 大力神式

068　康維爾 XC-99

070　布里斯托 布拉巴宗

072　道格拉斯 C-124 全球霸王式Ⅱ

074　桑德斯·羅 公主式

076　康維爾 NB-36H

078　航太運輸 孔雀魚式

080　北美 XB-70 女武神式

082　裏海怪物 KM

084　米爾 Mi-26 光暈式

086　圖波列夫 Tu-160 黑傑克式

088　安托諾夫 An-225 夢想號

090　波音 YAL-1

092　**COLUMN.3**

095　後記

※本書是以刊載於《雙月刊Scale Aviation》（大日本繪畫／出版）的連載專欄《巨人機的時代》重新編排構成。

渡邊信吾
SHINGO WATANABE

1989年生，居住於東京都。2009年進入武藏野美術大學影像學系就讀。畢業後，於2013年開始當任插畫家。擅長領域除了二戰時期的航空器外，還有日本的鎧甲、武具，以及西洋甲冑。2014年進入設計公司株式會社WADE工作，2015年在《雙月刊Scale Aviation》（大日本繪畫／出版）連載「巨人機的時代」。2016年開始在《歷史群像》（學研PLUS／出版）雜誌上連載「武器與甲冑」。除了幫雜誌連載與書籍繪製插畫外，也從事設計師的工作。

我至今仍然記得讀中學時首次購買的航空雜誌。那本《世界最新飛機》，一口氣羅列X-15、A-11（SR-71）、XB-70的照片，至此開啟我的飛機研究旅程。這些與我同世代的飛機，一直是我的人生旅伴。在這三架飛機中，我最喜歡擁有巨大三角翼的XB-70；以人生而言，簡直就像一見鍾情的戀人。後來由我企畫的電視動畫主角機，甚至都還借用她的「女武神」名號。此外，當時的民航客機也正在轉型噴射化，那些擁有修長後掠翼的空中巨人，同樣令我愛慕不已。我曾在橫田看過C-5A；當時只覺得背後有動靜，驀然回首，跑道彼端的天空，正隱約浮現她的白色巨軀。約莫10分鐘，這架銀河看起來都沒什麼動靜，只是緩緩變大。一回過神，白翼已悠然蔽空，特大號的發動機自眼前飛快掠過……同樣巨大的B-747也令我怦然心動，但她已經退出第一線，不太有機會再見到了……現在所能看到的，盡是像B-787、C-17這些中型機。

我對巨大鐵翼的情感總是帶著甘甜與感傷，這全都因為我是生在那個時代。說來也尷尬，當我提筆繪圖，畫出的盡是被傷感浸潤的線條，這就是所謂「世代的線條」吧（只會找藉口……）。

當我看到渡邊信吾先生以乾淨俐落的線條繪製巨人機時，立刻察覺到自己的線條有多麼濕潤。但即便知道自己的濕濡線條是如何的紛擾，仍會覺得「唉呀，沒辦法。這也是一種表現啊」，因而維持原樣……畫圖的人生盡是充滿後悔，只有一步一腳印地跨越難關，才會有所成長，越畫越上手。

渡邊先生的線條看來是表現飛機乘風而起的最佳解答。若是帶有多餘情感，對於表現這些巨大鐵翼只會構成妨礙，因此令我相當羨慕這些新世代繪手。

這本充滿巨大鐵翼的書，對我而言卻是意外輕盈。想要適切地表現這些巨人機，還真得等到這位新世代畫家登場才行；我一邊如此嘆息，一邊繼續翻閱著。

渡邊先生的線條
看來是表現飛機乘風而起的最佳解答

宮武一貴
KAZUTAKA MIYATAKE

1949年生，神奈川縣出身。以設計小說《宇宙戰士》的動力裝束聞名，是日本機械設計師的開拓者。就讀東京農工大學時，與夥伴一起成立繪製機械設計與插圖的SF Christal Art，後來更名為STUDIO NUE。除了SF之外，對於生物、建築也深具造詣，是能以建築物、動植物來架構世界觀的概念設計師。

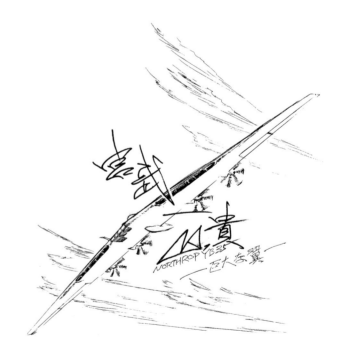

NORTHROP YB35　巨大奈翼

2021.12.09

第一章

第一次世界大戰～戰間期

CHAPTER 1
WORLD WAR 1 ～ INTERWAR PERIOD

ILYA MUROMETS
伊利亞‧穆羅梅茨

俄羅斯帝國
1914年
刊載於Scale Aviation 2016年3月號

SPECIFICATION

全長：17.5m
翼展：29.8m
全高：4m
空重：3500kg
最大起飛重量：4600kg
最大速度：120km/h
最大航程：560km
乘員：5～6人
發動機：M-1（150hp）×4
武裝：防禦機槍×2～6／炸彈417kg

俄羅斯帝國的塞考斯基技師設計的伊利亞‧穆羅梅茨號，是世界最早期的4發大型機。它擁有超越當時常識的巨大身軀及酬載量，創下許多飛行紀錄。第一次世界大戰時轉用為轟炸機，生產超過70架；曾出擊400次，投下炸彈共計64t。

▶原型機在機首設有展望台！

▼其所達成的紀錄包括：搭載16人與1條狗，創下酬載量世界紀錄；完成彼得格勒～基輔之間2500km的飛行；以及首次在機內正式用餐等。人員乘坐於機身內，這架的機背上設有展望台

▲每架的機首形狀都不太一樣。這架有俄羅斯國徽與用途未知的刻度（姿態指示用？）。

▲應該是想改善下方視野的溫室型機鼻罩

▲雖有改善下方、側面的視野，前方卻只有一個小觀景窗（詳情不明）。

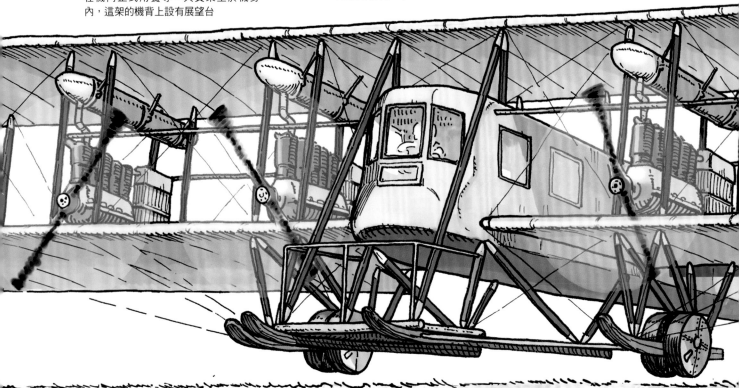

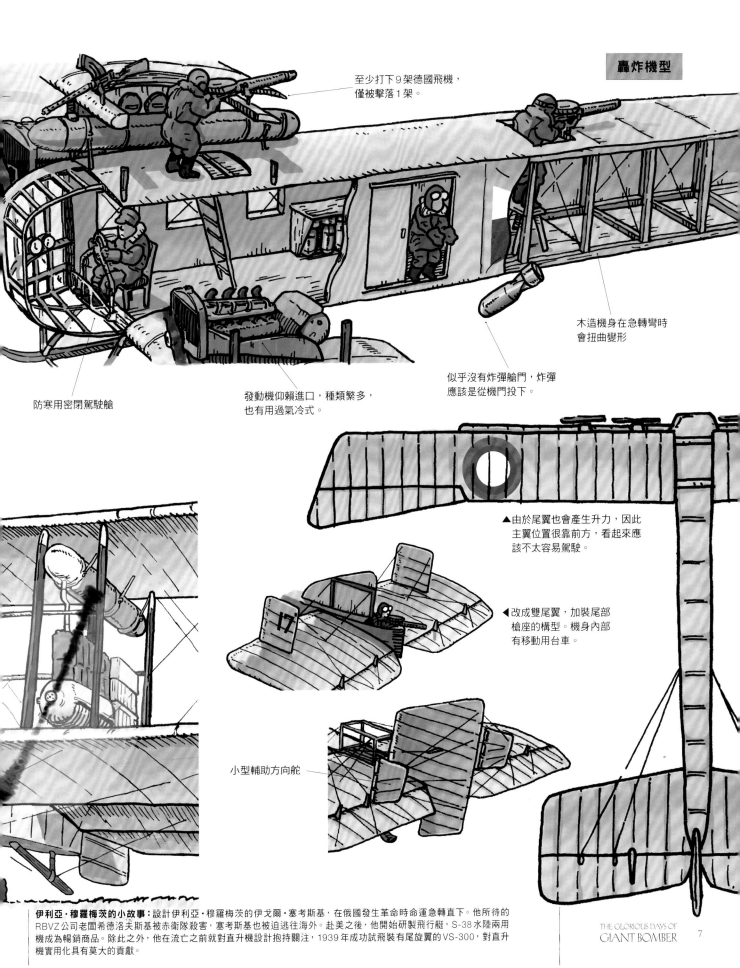

至少打下9架德國飛機，
僅被擊落1架。

木造機身在急轉彎時
會扭曲變形

防寒用密閉駕駛艙

發動機仰賴進口，種類繁多，
也有用過氣冷式。

似乎沒有炸彈艙門，炸彈
應該是從機門投下。

▲由於尾翼也會產生升力，因此
主翼位置很靠前方，看起來應
該不太容易駕駛。

◀改成雙尾翼，加裝尾部
槍座的構型。機身內部
有移動用台車。

小型輔助方向舵

伊利亞‧穆羅梅茨的小故事：設計伊利亞‧穆羅梅茨的伊戈爾‧塞考斯基，在俄國發生革命時命運急轉直下。他所待的
RBVZ公司老闆希德洛夫斯基被赤衛隊殺害，塞考斯基也被迫逃往海外。赴美之後，他開始研製飛行艇，S-38水陸兩用
機成為暢銷商品。除此之外，他在流亡之前就對直升機設計抱持關注，1939年成功試飛裝有尾旋翼的VS-300，對直升
機實用化具有莫大的貢獻。

R-CLASS ZEPPELIN
R級齊柏林

德國
1914年
刊載於 Scale Aviation 2019年7月號

SPECIFICATION

全長：196.49m
最大直徑：23.9m
氣體容量：5萬5210m³
空重：3萬6106kg
最大起飛重量：6萬4000kg
最大速度：100.6km/h
最大航程：7400km
乘員：21人
發動機：邁巴赫HSLu（240hp）×6
武裝：8mm機槍×4／炸彈3600～4500kg

領先世界將飛船投入實用的德國，在第一次世界大戰開戰後，將其陸續投入軍事作戰。於1914年首先讓飛船執行對法、俄的轟炸任務，最有名的則是夜間空襲倫敦。此次空襲的主角是有「超級齊柏林」之稱的「R級」飛船；它是「M級」的發展型：承襲基本設計、放大船體尺寸、炸彈酬載量也倍增。空襲在1915～18年間共執行51次，對英國投下炸彈多達192t。然而，德國本身的損失也很慘重，被攔截機、防空砲擊落的飛船有19艘（幾乎所有的乘員皆陣亡），其他還有11艘因事故而墜落。

吊艙

▲R級總共有4個吊艙，前方吊艙兼具艦橋功能。船體左右的發動機吊艙內也有乘員，比照船舶依車鐘指示操控馬力。

▲發動機吊艙

▲1918年1月，飛船吊掛護衛戰鬥機，進行空中放飛實驗。雖然最後沒能實用化，但戰後的美國海軍卻把這個概念加以實用化。

▶為了執行危險的日間任務，想出一種從船體放出小型吊艙，讓飛船躲在雲中、透過吊艙上的觀測員以電話指示進行轟炸的戰術。附帶一提，這具吊艙也是飛船上唯一的「吸菸區」。

流線型船體

炸彈掛載方式不明，船體底部
應該是有炸彈艙。

密閉式吊艙

硬鋁材質骨架內有氫氣氣囊。
為了避免破洞後氫氣全部洩
光，氣囊會分成數個部分。

槍座

◀位於船首的三組槍
座，直接站在船體
頂端射擊。以現代
眼光來看，是極為
恐怖的設計。

▼船尾的十字翼附近也有
槍座，應該會有進出船
體的通道？

底部有縱貫船體的「龍骨」，
兼具通道功能。

剖面

▶船體是以金屬骨架製成
的「硬式飛船」。

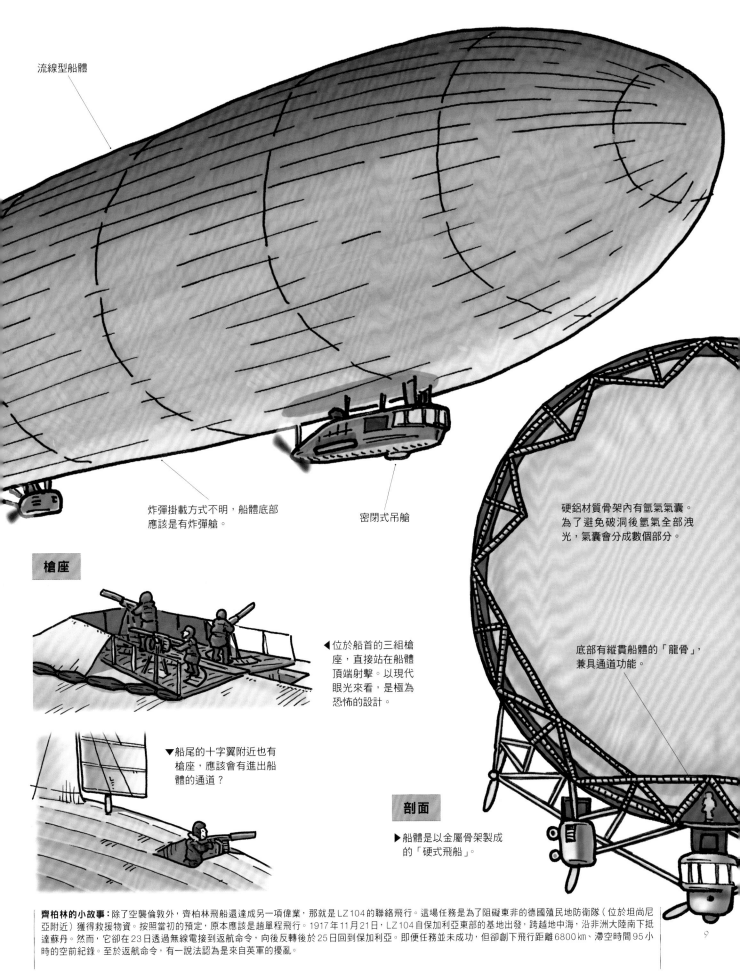

齊柏林的小故事：除了空襲倫敦外，齊柏林飛船還達成另一項偉業，那就是 LZ 104 的聯絡飛行。這場任務是為了阻礙東非的德國殖民地防衛隊（位於坦尚尼亞附近）獲得救援物資。按照當初的預定，原本應該是趟單程飛行。1917 年 11 月 21 日，LZ 104 自保加利亞東部的基地出發，跨越地中海，沿非洲大陸南下抵達蘇丹。然而，它卻在 23 日透過無線電接到返航命令，向後反轉後於 25 日回到保加利亞。即便任務並未成功，但卻創下飛行距離 6800 km、滯空時間 95 小時的空前紀錄。至於返航命令，有一說法認為是來自英軍的擾亂。

SIEMENS=SCHUCKERTR.I

西門子-舒克特 R.I

德國
1915年
刊載於 Scale Aviation 2020年1月號

SPECIFICATION

全長：17.5m
翼展：28m
全高：5.2m
空重：4000kg
最大起飛重量：5200kg
最大速度：110km/h
最大航程：520km
乘員：4人
發動機：賓士Bz.Ⅲ（1150hp）×3
武裝：7.9mm機槍×1／炸彈500kg

西門子-舒克特 R.I 是德國陸軍巨人轟炸機「R級」的一種，研製工作始於1914年。機身後段分岔為二股，內有3具發動機，以變速箱整合動力帶動兩副螺旋槳，是款驅動方式相當奇特的機型。1915年5月24日首飛，僅此1架的 R.I 於同年10月被送往東部戰線。然而，由於故障頻繁，無法形成戰力，連一次轟炸任務也沒執行過就被送回後方。後來轉為教練機，戰爭結束後有部份機體送至柏林的博物館保存（於二次大戰的空襲中全毀）。

▶ 首飛之後，R.I 被認為前途有望，因而繼續製造 R.Ⅱ 至 R.Ⅶ 各1架。然而，因選用的邁巴赫發動機可靠度不足，遲遲無法形成戰力，最後 R.I 與它的衍生型都沒能對戰局造成影響。

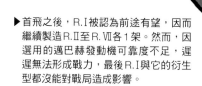

也有在下翼加上副翼的衍生型

輔助副翼

內部構造（推測）

▼前2具、後1具發動機以相向的方式配置。為了便於在飛行中維修，並減低阻力，R級大多會將發動機置於機身內部，R.I 算是比較成功的例子。

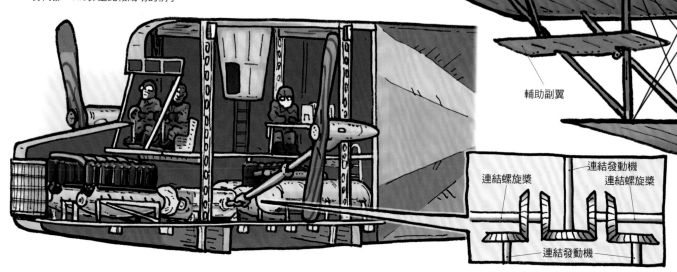

連結發動機
連結螺旋槳
連結螺旋槳
連結發動機

▲R.Ⅱ 不適用於實戰，僅作教練機。

▲R.Ⅲ 同樣用於教練機。

▲R.Ⅳ 配賦東部戰線後，
轉為教練、實驗機。

▲R.Ⅴ 配賦東部戰線。1917年1月
因事故無法飛行。

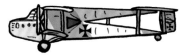

▲R.Ⅵ 配賦東部戰線。1917年夏季
因事故無法飛行。

▲R.Ⅶ 配賦東部戰線。伴隨部隊
轉戰西線後成為教練機。

後方槍座

▶特異的二股機身，目的是
為了確保後方槍座的射界
（不過R.Ⅰ並無開口）。

二股機身！

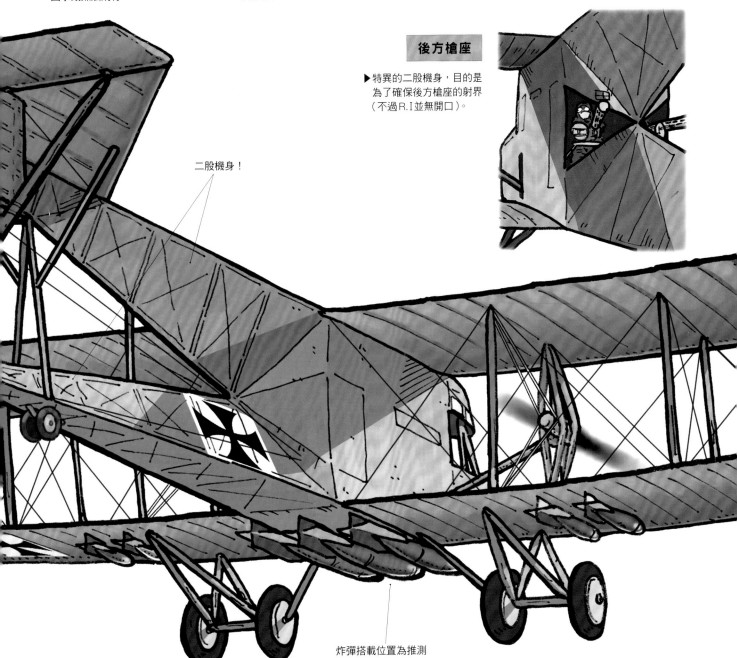

炸彈搭載位置為推測

R.Ⅰ的小故事：R.Ⅱ、R.Ⅲ、R.Ⅳ早期配備的發動機邁巴赫HS（本來是飛船用），即使就當時水準而言可靠度也偏低，時常發生故障；最後全被卸除，改以梅塞德斯或賓士發動機。自R.Ⅴ以降，全都改用梅塞德斯、賓士製品，可靠度獲得提升。到了R.Ⅵ，甚至還能連續飛行6小時。話說回來，R.Ⅱ～Ⅳ這3架，後來將翼展28.22m的上翼延長為34～38m；下翼也同樣進行延長，並加裝副翼。這項改造似乎有發揮功效，因此R.Ⅴ以降皆以33m以上的主翼作為標準。

DORNIER/ZEPPELIN-LINDAU RS.III

都尼爾／齊柏林・林道 Rs.Ⅲ

德國
1917年
刊載於 Scale Aviation 2020年7月號

SPECIFICATION

全長：22.75m
翼展：37m
全高：8.2m
空重：7865kg
最大起飛重量：1萬670kg
最大速度：135km/h
乘員：6人
發動機：邁巴赫 Mb.Ⅳa（245hp）×4
武裝：防禦機槍×3

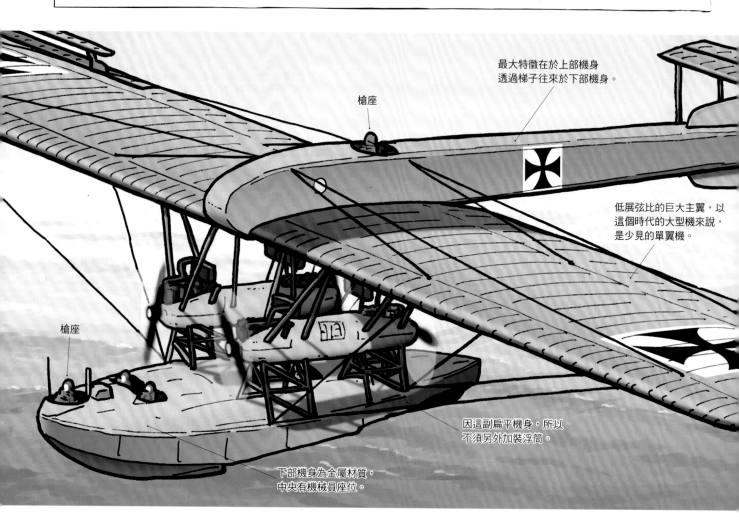

最大特徵在於上部機身
透過梯子往來於下部機身。

槍座

低展弦比的巨大主翼，以
這個時代的大型機來說，
是少見的單翼機。

槍座

因這副扁平機身，所以
不須另外加裝浮筒。

下部機身為金屬材質，
中央有機械員座位。

　　尼爾 Rs.Ⅲ 是第一次世界大戰期間基於德意志帝國推行的巨人機專案「R計畫」所研製的超大型飛行艇。詳細設計始於 1917 年 2 月，同年 11 月 4 日首飛。這款飛行艇採用「發動機夾在上下機身中間」的奇葩設計，可以把它想成是將其前身 Rs.Ⅰ、Rs.Ⅱ 的機身尾部切下後裝在主翼上。如此一來，在進行水上起降時尾部就不會碰觸到水面，還能取得較廣闊的上方射界。另外，透過實際飛行測試，也發現它因為發動機靠近機體重心的關係，駕駛起來相當容易。都尼爾公司有繼續推出發展型 Rs.Ⅳ，於 1918 年 10 月首飛。Rs.Ⅲ、Rs.Ⅳ 都只造出 1 架，Rs.Ⅲ 在戰爭即將結束前 3 個月才加入海軍服役，Rs.Ⅳ 則未能服役。即便如此，這兩架飛艇採用的許多先驅設計，也都足以彰顯都尼爾公司的高技術力。

Rs. I

▶都尼爾公司創辦人克勞迪斯・都尼爾研製的首款飛機，翼展43.5m、最大起飛重量1萬500kg，採用金屬構造。3具發動機原本有2具是配置於船體內部，但途中又把所有發動機改配置於上下翼間。1915年10月開始進行飛行測試，但它不僅沒能自水面起飛，還被暴風雨吹毀，無法修復。

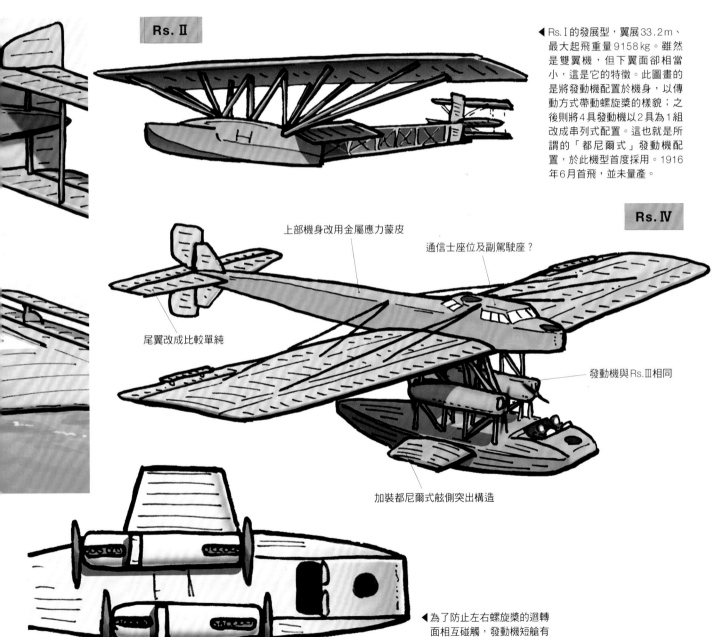

Rs. II

◀Rs. I的發展型，翼展33.2m、最大起飛重量9158kg。雖然是雙翼機，但下翼面卻相當小，這是它的特徵。此圖畫的是將發動機配置於機身，以傳動方式帶動螺旋槳的樣貌；之後則將4具發動機以2具為1組改成串列式配置。這也就是所謂的「都尼爾式」發動機配置，於此機型首度採用。1916年6月首飛，並未量產。

Rs. IV

上部機身改用金屬應力蒙皮

通信士座位及副駕駛座？

尾翼改成比較單純

發動機與Rs. III相同

加裝都尼爾式舷側突出構造

◀為了防止左右螺旋槳的迴轉面相互碰觸，發動機短艙有稍微前後錯開。

都尼爾Rs. III的小故事：雖然一般都會將本機認定為都尼爾Rs. III，但嚴格來說，它其實是齊柏林伯爵為了讓克勞迪斯・都尼爾去設計全金屬材質飛機而組織的齊柏林・林道公司的產品，因此也會稱作「齊柏林・林道Rs. III」（據英文版wiki敘述，後者才是正確的）。話說回來，都尼爾飛行艇最有名的就是機身側面向外突出的「都尼爾式舷側突出構造」。它兼具輔助浮筒與燃油箱的功能，Rs. IV第一個採用的機型。除此之外，它的上下機身也都採用全金屬製造，對於之後的都尼爾飛行艇而言，可說是別具意義的機型。

LINKE-HOFMANN R.I

林克・霍夫曼 R.I

德國
1917年
刊載於 Scale Aviation 2018年1月號

SPECIFICATION

全長：15.56m
翼展：32.02m
全高：6.78m
空重：5800kg
最大起飛重量：9000kg
最大速度：130km/h
乘員：6～9人
發動機：梅塞德斯D.IVa（260hp）×4
武裝：防禦機槍×4／炸彈1000kg

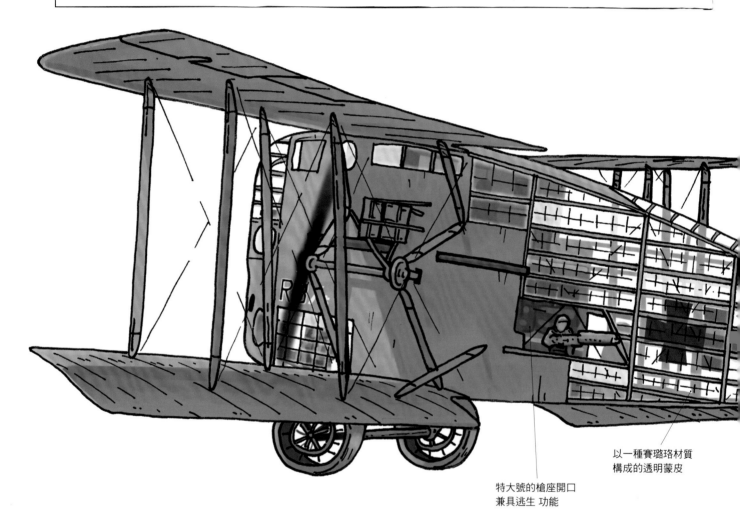

以一種賽璐珞材質
構成的透明蒙皮

特大號的槍座開口
兼具逃生 功能

第一次世界大戰期間，在德國研製的巨人機群當中，這款林克・霍夫曼R.I可說是外觀特別奇葩的機型。林克・霍夫曼原本是製造火車的公司，但也有授權生產幾款飛機。1916年，該公司決定推出自行研製的飛機，並於翌年完成本機。然而，由於航空器研製經驗不足，因此設計非常奇葩。極度扁平的機身內部分為三層，中央搭載4具發動機，以2具為1組連結傳動軸，驅動機外的螺旋槳。除此之外，機身後半部還使用透明蒙皮，按計畫是要讓它變得「看不見」。

▼林克・霍夫曼公司
的標誌

內部構造（推測）

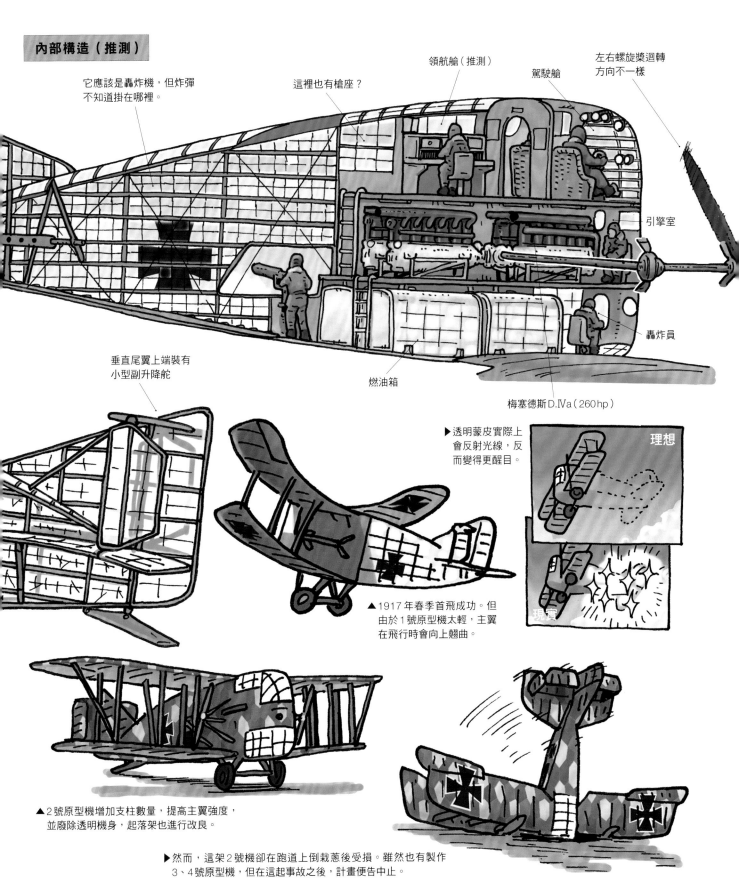

它應該是轟炸機，但炸彈不知道掛在哪裡。

這裡也有槍座？

領航艙（推測）

駕駛艙

左右螺旋槳迴轉方向不一樣

引擎室

轟炸員

梅塞德斯D.IVa（260hp）

燃油箱

垂直尾翼上端裝有小型副升降舵

▶透明蒙皮實際上會反射光線，反而變得更醒目。

理想

現實

▲1917年春季首飛成功。但由於1號原型機太輕，主翼在飛行時會向上翹曲。

▲2號原型機增加支柱數量，提高主翼強度，並廢除透明機身，起落架也進行改良。

▶然而，這架2號機卻在跑道上倒栽蔥後受損。雖然也有製作3、4號原型機，但在這起事故之後，計畫便告中止。

林克‧霍夫曼的小故事： 林克‧霍夫曼公司在研製R.I之前授權生產的有羅蘭C.IIa、信天翁C.III、C.X，以及B.IIa。其中羅蘭C.IIa採用不使用支柱讓上翼直接與機身結合的設計，R.I應該是有參考C.IIa。這種機身形狀雖然可以達到較高的升阻比，但在像R.I這種巨大飛機上是否能夠發揮效用則存疑。林克‧霍夫曼公司在R.I失敗後，又繼續推出將單發機直接放大的R.II，請參閱下頁。

LINKE-HOFMANN R.II

林克・霍夫曼 R.II

德國
1919年
刊載於 Scale Aviation 2016年7月號

SPECIFICATION	
全長：20.32m	
翼展：42.16m	
全高：6.7m	
空重：8000kg	
最大起飛重量：1萬1200kg	
最大速度：130km/h	
最大航程：1040km	
乘員：6～9人	
發動機：梅塞德斯D.IVa（260hp）×4	
武裝：防禦機槍×3／炸彈700kg	

▼除了巨大之外，形狀其實
算是中規中矩，因此操縱
性據說相當好。

炸彈掛載於翼下

第一次世界大戰期間設計的德國轟炸機R.II，乍看之下是單發機，但實際上卻是4發機。它在機首內配置4具發動機，以齒輪連結，驅動一副螺旋槳。這是在摸索大型機最具效率構型時，找出的「直接放大單發機」手法。R.II雖有造出2架，但首飛卻拖到戰爭結束後的1919年1月。因為德國戰敗的關係，研製宣告中止，2號原型機甚至根本沒能飛上天。2架R.II最後不知去向，據說1號機有部份運到英國。

▼林克・霍夫曼公司之前推出的R.I

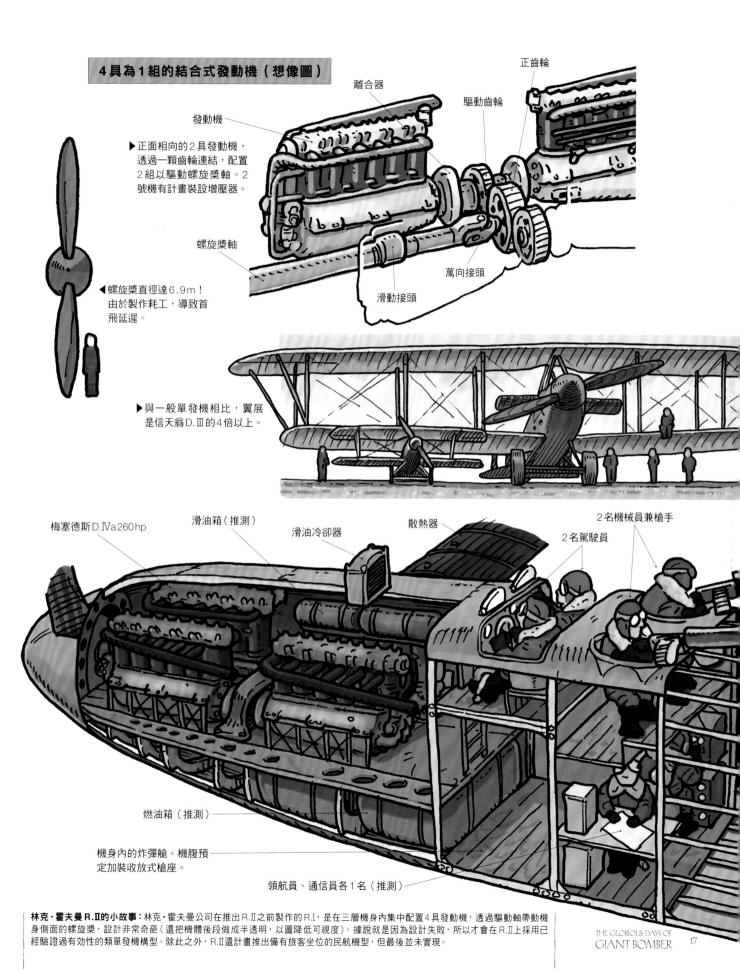

4具為1組的結合式發動機（想像圖）

正齒輪

離合器

驅動齒輪

發動機

▶ 正面相向的2具發動機，
透過一顆齒輪連結，配置
2組以驅動螺旋槳軸。2
號機有計畫裝設增壓器。

螺旋槳軸

滑動接頭

萬向接頭

◀螺旋槳直徑達6.9m！
由於製作耗工，導致首
飛延遲。

▶與一般單發機相比，翼展
是信天翁D.Ⅲ的4倍以上。

梅塞德斯D.Ⅳa260hp

滑油箱（推測）

滑油冷卻器

散熱器

2名機械員兼槍手

2名駕駛員

燃油箱（推測）

機身內的炸彈艙。機腹預
定加裝收放式槍座。

領航員、通信員各1名（推測）

林克・霍夫曼R.Ⅱ的小故事：林克・霍夫曼公司在推出R.Ⅱ之前製作的R.Ⅰ，是在三層機身內集中配置4具發動機，透過驅動軸帶動機身側面的螺旋槳，設計非常奇葩（還把機體後段做成半透明，以圖降低可視度）。據說就是因為設計失敗，所以才會在R.Ⅱ上採用已經驗證過有效性的類單發機構型。除此之外，R.Ⅱ還計畫推出備有旅客坐位的民航機型，但最後並未實現。

ZEPPELIN-STAAKEN E.4/20

齊柏林‧斯塔肯 E.4/20

德國
1919年
刊載於 Scale Aviation 2017年3月號

SPECIFICATION

全長：16.6m
翼展：31m
全高：4.5m
空重：6072kg
最大起飛重量：8500kg
最大速度：225km/h
最大航程：1200km
乘員：3～5人
發動機：邁巴赫 Mb.IVa（245hp）× 4

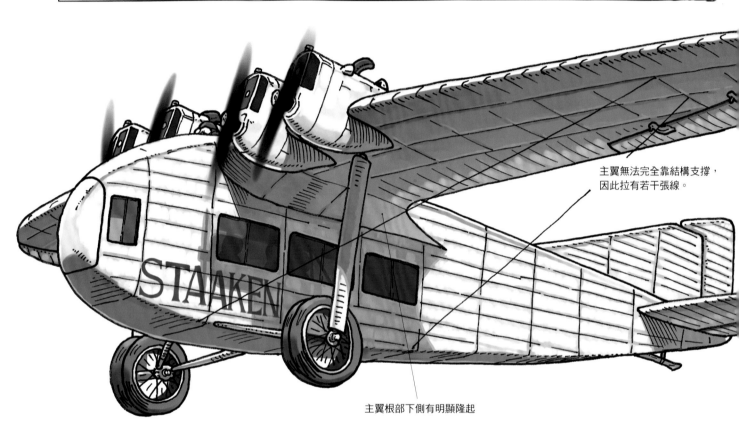

主翼無法完全靠結構支撐，
因此拉有若干張線。

主翼根部下側有明顯隆起

19 19年5月，德國的齊柏林‧斯塔肯公司開始著手研製新型客機。這款飛機採用上單式主翼，配備4具發動機，機身為全金屬材質。這在當時是相當先進的設計，可說是將該公司一戰時期累積的大型機製造技術匯集於一身的作品。由於大戰才剛結束，因此研製工作是在國際聯盟的管理下進行的。飛機於1920年9月完成，且首飛成功。然而，測試判斷它有可能轉用於和平條約禁止的轟炸機，因此停止其發展。原型機於1922年11月解體，並未實際飛航。

法爾曼 F.60

▶ 同時代的飛機大多布滿支柱與張線

廁所／化妝室？

開放式座艙後來
改為密閉式

乘客用艙門

貨艙

客艙可搭乘12～18名乘客

▲內部應該是分成客艙與駕駛艙
　二層構造，詳情不明。

◀邁巴赫Mb.Ⅳa（245hp）

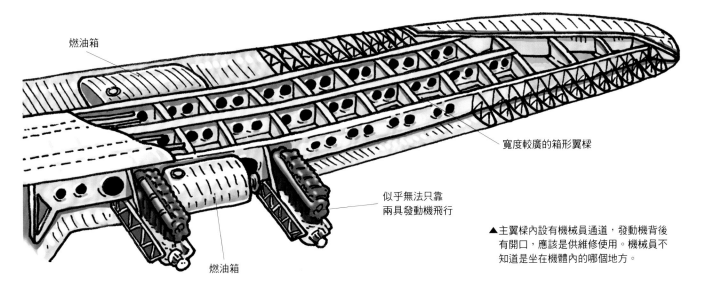

燃油箱

寬度較廣的箱形翼樑

似乎無法只靠
兩具發動機飛行

燃油箱

▲主翼樑內設有機械員通道，發動機背後
　有開口，應該是供維修使用。機械員不
　知道是坐在機體內的哪個地方。

E.4／20的小故事： 設計出E.4／20的是斯塔肯工廠的阿道夫・羅爾巴赫教授。他原本是都尼爾公司的技師，致力於金屬材質飛機的研製。1916～17年，他轉至斯塔肯工廠，任職於R計畫機設計部門。雖然E.4／20的研製最後並未成功，但教授後來也成立「羅爾巴赫金屬飛機公司」，推出曾銷售至日本，並有自製計畫的RoⅡ、於德國航空服役的RoⅧ，以及凌駕本型機的大型飛行艇RoX。

TARRANT TABOR

塔蘭特・小鼓式

英國
1919年
刊載於 Scale Aviation 2022年1月號

SPECIFICATION	
全長	22.31 m
翼展	40.02 m
全高	11.36 m
空重	1萬1250 kg
最大起飛重量	2萬305 kg
最大速度	177 km/h
最大航程	1900 km
乘員	6人
發動機	納皮爾・獅式 W-12（450 hp）×6
武裝酬載量	2000 kg

第一次世界大戰即將結束的1917年7月，英國空軍開始討論要研製一款能從英國本土飛至柏林進行空襲的大型轟炸機，塔蘭特公司對此自告奮勇舉手參與。該公司是一間承接過航空器木質部件生產的建築公司，本身並無航空器設計經驗，因此實際設計是由皇家飛機工廠負責。這架取名為小鼓式的飛機，大部分的結構是木製的，是款翼展40 m的超大型三翼機。然而，由於1號機是在戰爭結束後的1919年才完工，且在5月的首飛測試時於地面滑行中向前栽了跟斗後受損，因而直接停止研製。

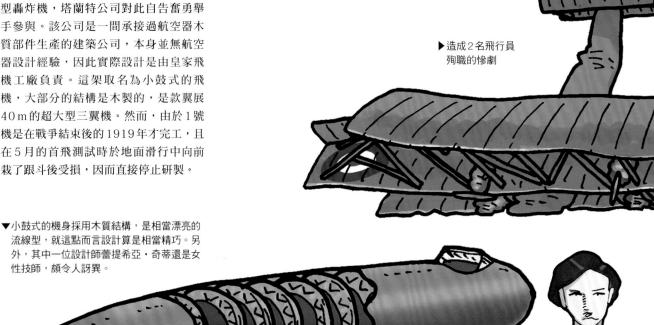

▶造成2名飛行員
　殉職的慘劇

▼小鼓式的機身採用木質結構，是相當漂亮的
　流線型，就這點而言設計算是相當精巧。另
　外，其中一位設計師蕾提希亞・奇蒂還是女
　性技師，頗令人訝異。

▼有證言指出，比起機體研
　製經費，專用巨大機庫的
　建造費用還比較昂貴。

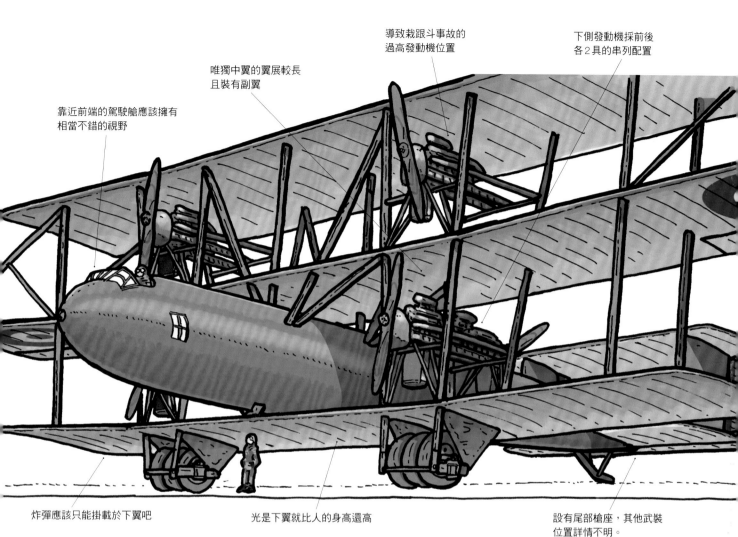

導致栽跟斗事故的
過高發動機位置

下側發動機採前後
各2具的串列配置

唯獨中翼的翼展較長
且裝有副翼

靠近前端的駕駛艙應該擁有
相當不錯的視野

炸彈應該只能掛載於下翼吧

光是下翼就比人的身高還高

設有尾部槍座,其他武裝
位置詳情不明。

「後繼機」XNBL-1

小鼓式失敗的翌年,改在
美國設計後繼機型。此為
美國陸軍的XNBL-1,由
經手過小鼓式的E・巴林
格負責設計。於1923年
8月首飛,但因發動機出
力不足,性能並未達標,
因此並沒有投入生產。

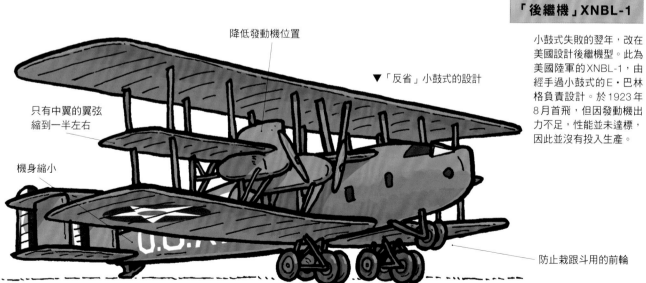

降低發動機位置

▼「反省」小鼓式的設計

只有中翼的翼弦
縮到一半左右

機身縮小

防止栽跟斗用的前輪

塔蘭特・小鼓式的小故事:機名 Tabor 是「小鼓」的意思,真不知道為什麼要把這架超大型轟炸機取成這個名字,可能是因為英國人擅長反調式幽默吧?至於 XNBL-1 這個型號,X 代表原型機,NBL 是 Night Bomber Long range,也就是「長程夜間轟炸機」的意思。XNBL-1 之所以未獲採用,最大的原因在於它的爬升力不足。由於這架飛機飛越不了落磯山脈,因此無法往來於美國東西岸。如此一來,就更別說是戰鬥了,就連平時訓練都會出問題,所以根本無法量產與服役。

SIEMENS-SCHUCKERT R.VIII
西門子-舒克特 R.VIII

德國
1919年
刊載於 Scale Aviation 2018年9月號

SPECIFICATION

全長：21.6m
翼展：48m
全高：7.4m
空重：1萬478kg
最大起飛重量：1萬5867kg
最大速度：125km/h
最大航程：900km
乘員：6人
發動機：BuS.IVa（300hp）×6

1916年11月，西門子-舒克特公司依據德國的大型轟炸機研製計畫（R計畫），開始設計一款規模空前的巨人機。這款飛機的型號為R.VIII，有6具發動機，翼展48m，重量1萬5900kg，是第一次世界大戰時期最大的飛機。比照其他多數R計畫機，R.VIII也將發動機配置於機身內部，透過延長軸來驅動機外的螺旋槳。之所以會採用這樣的設計，是因為當時的發動機技術尚未成熟，長途飛行時機械員必須時常對發動機進行調整。它的要求性能為酬載量5250kg、能在120分鐘內爬升至4500m、於高度2500m達130km/h的速度。德國陸軍原本計畫將R.VIII作為夜間轟炸機，但在完成之前戰爭已告結束。首架原型機於戰爭結束後的1919年5月完工，翌月於地面測試時損毀；因此，這款飛機根本沒能飛上天，計畫便告終止。

機身內部構造

翼面槍座通道上有發動機冷卻液箱

後方的4葉螺旋槳透過二具連結為一組的發動機驅動

散熱器

延長軸

2葉螺旋槳

BuS.IVa發動機（300hp）

◀於地面測試時，左後方的螺旋槳飛脫後將主翼打壞。

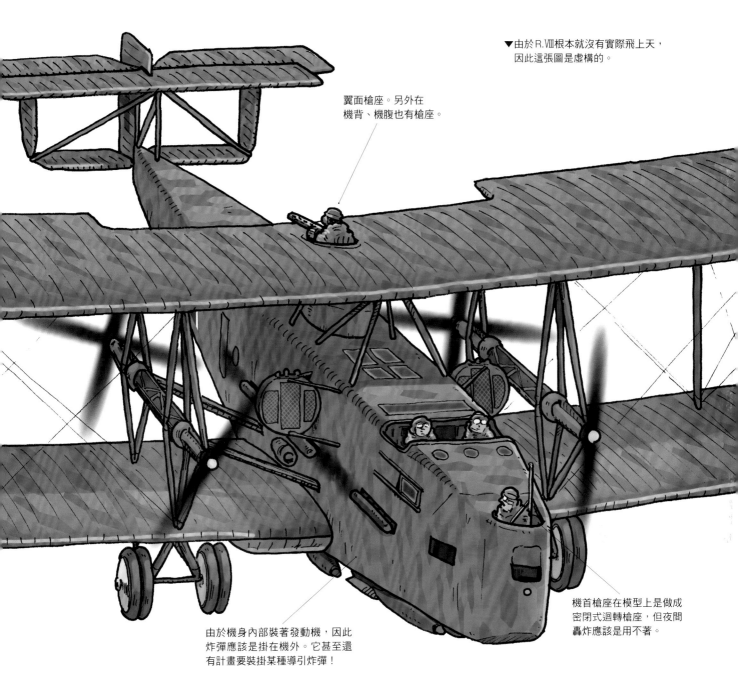

▼由於R.Ⅷ根本就沒有實際飛上天，
因此這張圖是虛構的。

翼面槍座。另外在
機背、機腹也有槍座。

由於機身內部裝著發動機，因此
炸彈應該是掛在機外。它甚至還
有計畫要裝掛某種導引炸彈！

機首槍座在模型上是做成
密閉式迴轉槍座，但夜間
轟炸應該是用不著。

▼從停機狀態的照片便能看出它是何等
的巨大。下翼的位置都比人高。

R.Ⅷ的小故事：R.Ⅷ包括姑且完工出廠的R.23（因事故受損的那架），以及製造進度約至3/4左右的R.24。另外，它還有計畫要打造第3架
追加原型機，並將型號改為R.Ⅷa。原本預定加裝增壓器的，但最後因戰爭結束而取消製造。至於由西門子公司推動的導引炸彈計畫，在許
多方面詳情不明。負責研製的核心人物是一位名為安通‧費拿的技師，他也曾經研究如何讓齊柏林飛船無人化。設計完成的實驗用有線導引
彈雖有留下照片，但是否真能發揮功用則存疑。

CAPRONI CA.90

卡普羅尼Ca.90

義大利
1929年
刊載於 Scale Aviation 2017年7月號

SPECIFICATION

全長：26.95m
翼展：46.6m
全高：10.8m
空重：1萬5000kg
最大起飛重量：3萬kg
最大速度：205km/h
最大航程：1290km
乘員：7人
發動機：IF Asso 1000（1000hp）×6
武裝：防禦機槍×12／炸彈8000kg

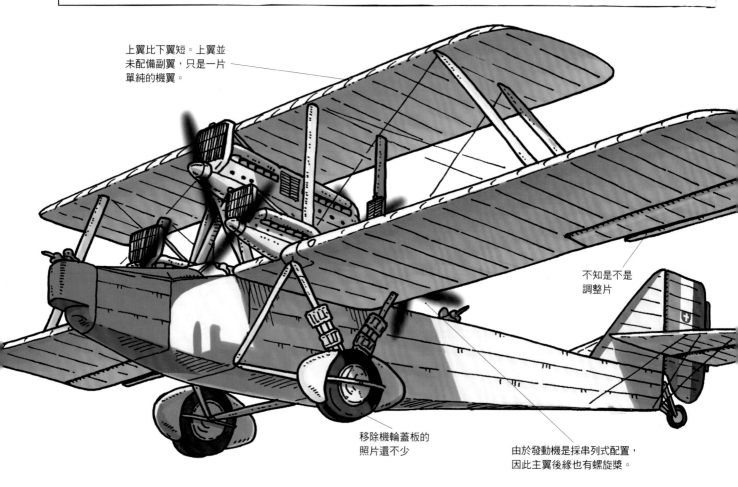

上翼比下翼短。上翼並未配備副翼，只是一片單純的機翼。

不知是不是調整片

移除機輪蓋板的照片還不少

由於發動機是採串列式配置，因此主翼後緣也有螺旋槳。

以轟炸機大編隊摧毀敵國都市，一舉決定戰爭勝負；這是義大利的杜黑所提唱的戰略，為此應運而生的轟炸機便是Ca.90。這款由卡普羅尼公司設計的史上最大雙翼機，於1929年首飛，曾創下酬載量、最高高度等6項世界紀錄。然而，它卻沒能量產，僅製造1架原型機便結束。Ca.90的內部構造幾乎成謎，但由於本機看起來像是把卡普羅尼公司的Ca.73與Ca.79放大而來，因此設計應該也差不了多少。機身為木金混合骨架搭配帆布蒙皮，主翼根部有炸彈艙，機體前後應該會配置燃油箱。

▶上翼有槍座，但人員似乎無法下到機身去。

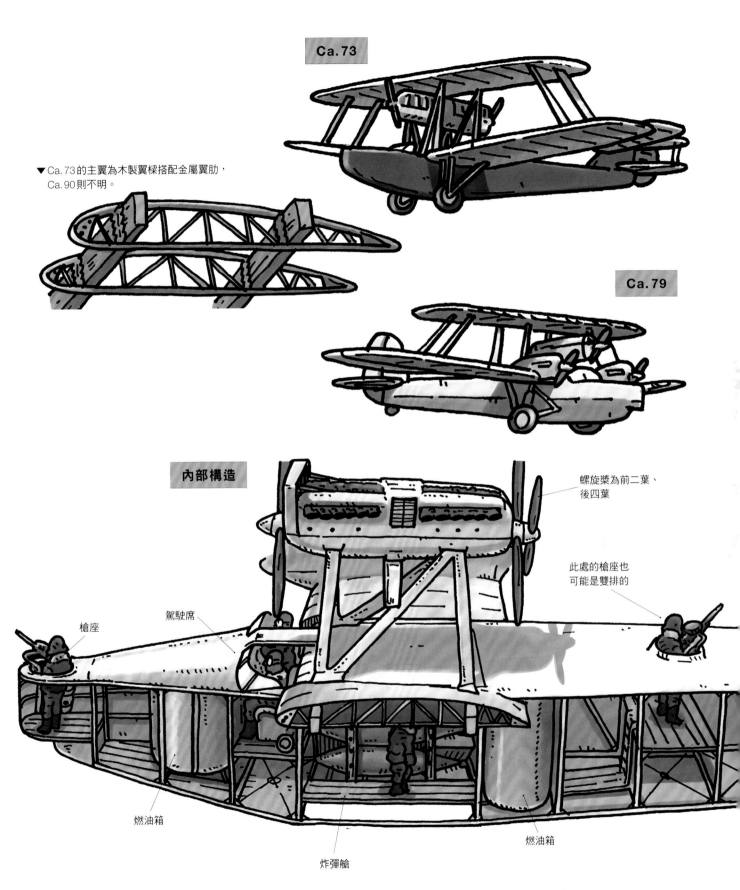

Ca.73

▼Ca.73的主翼為木製翼樑搭配金屬翼肋，
　Ca.90則不明。

Ca.79

內部構造

螺旋槳為前二葉、
後四葉

此處的槍座也
可能是雙排的

駕駛席

槍座

燃油箱

炸彈艙

燃油箱

卡普羅尼 **Ca.90** 的小故事：Ca.90創下的世界紀錄之一，是於1930年2月22日以1萬kg的酬載量飛至高度3250m。Ca.73與Ca.79
堪稱 Ca.90的姊妹機，另外還有機首改成轟炸瞄準用透明玻璃窗的 Ca.74，以及將串列配置於上下翼間的2具發動機加倍為雙排的
Ca.87等。這些機型的共通點在於上翼的翼展比下翼要短，此為卡普羅尼公司雙翼機的特有設計，第二次大戰時期義大利空軍使用的
Ca.100教練機也比照辦理。

MITSUBISHI Ki-20
三菱 Ki-20 九二式重爆擊機

日本
1931年
刊載於 Scale Aviation 2021年1月號

SPECIFICATION

全長：23m
翼展：44m
全高：7m
空重：1萬4912kg
最大起飛重量：2萬8488kg
最大速度：200km/h
最大航程：2000km
乘員：10人
發動機：容克斯L88（800hp）×4
武裝：7.7mm機槍×8／炸彈5000kg

1928年，日本陸軍為了準備對美作戰，決定研製一款可以從臺灣飛到菲律賓馬尼拉進行攻擊的超大型轟炸機。就當時的技術能力而言，研製應該會很困難，因此決定以當時世界最大的德國客機G38進行改造。1929年，三菱與容克斯公司簽訂契約，在德國技師團的協助下，於1930年3月開始製造。翌1931年10月26日首飛（由德國人駕駛），1932年制式採用為九二式重爆擊機（重轟炸機）。然而，在對美開戰之前它已經落伍了，於1940年便實質退役。雖然有留下幾架作為紀念與示威，但在戰爭結束時全部報廢解體。

目標菲律賓

攻擊目標為菲律賓的馬尼拉周邊。要求性能為作戰半徑1000km＋餘裕500km以上。

箱型尾翼

主翼的構造

主翼內通道

燃油箱

收放式槍座

槍座

仍保留主翼內座位

原本G38的主翼是設計成可以拆開分離的，九二式應該也有保留這項功能。

全機覆蓋容克斯式波浪板

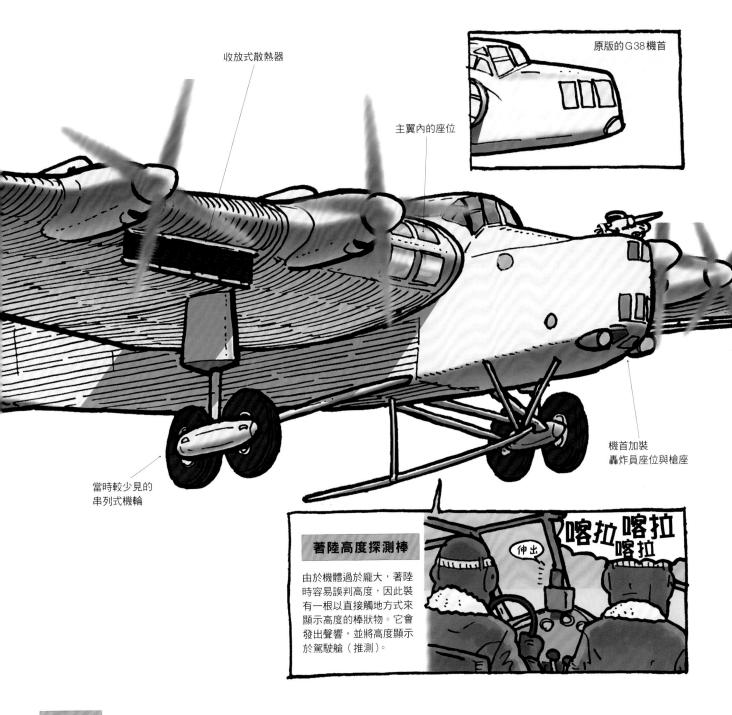

收放式散熱器

主翼內的座位

原版的G38機首

機首加裝
轟炸員座位與槍座

當時較少見的
串列式機輪

著陸高度探測棒

由於機體過於龐大,著陸時容易誤判高度,因此裝有一根以直接觸地方式來顯示高度的棒狀物。它會發出聲響,並將高度顯示於駕駛艙(推測)。

伸出

喀拉 喀拉 喀拉

發動機

發動機

◀發動機原本使用容克斯的L88a,但從5號機開始換成Jumo4柴油發動機。此外也有兩種混用,或是換裝國產川崎Ha9的機體,相當複雜。

三菱ki20九二式重爆擊機的小故事:關於九二式重爆的防禦武器,雖然是以7.7㎜機槍為主,但也有資料顯示它會配備一門20㎜機砲。也許每架的搭載武器都有一些微妙差異也說不定。與G38相比,主翼內的座位有部份窗戶被封閉,於左翼下側窗戶處加裝大型突起物,但細節不明。退役後,於所澤的航空紀念館與西宮的航空園各保存1架。所澤的機體於戰爭結束時遭到破壞,西宮的機體似乎在戰爭即將結束前仍然保存完好。真希望當時能將它們保留下來,以供後世參考。

KALININ K-7
加里寧 K-7

蘇聯
1933年
刊載於 Scale Aviation 2021年11月號

SPECIFICATION

全長：28m
翼展：53m
全高：12.4m
空重：2萬4400kg
最大起飛重量：4萬2400kg
最大速度：225km/h
最大航程：1600km
乘員：11人
發動機：AM-34F（750hp）×7
武裝：7.62mm機槍×8／20mm機砲×3／炸彈1萬9000kg

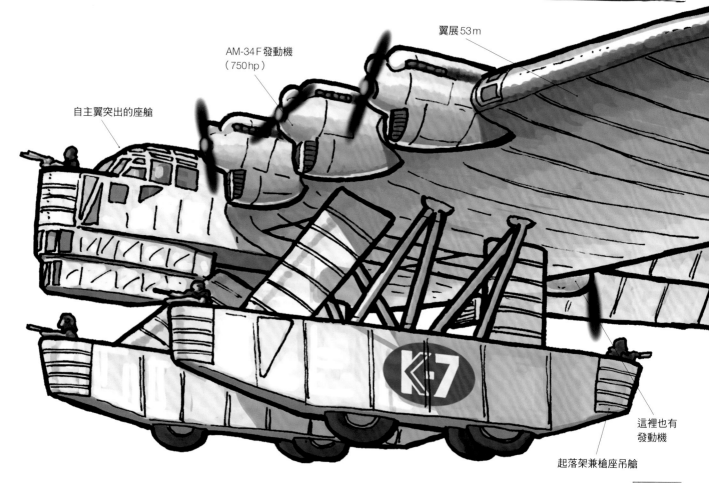

翼展53m

AM-34F 發動機
（750hp）

自主翼突出的座艙

這裡也有
發動機

起落架兼槍座吊艙

加里寧 K-7 是受到德國容克斯 G38 客機啟發而研製的蘇聯超大型機。它原本是設計成可供 120 人搭乘的客機，但在 1931 年自蘇聯當局獲准研製之際，卻將機種變更為轟炸機。1 號原型機（也是唯一一架）於 1933 年 6 月進行地面滑行測試，同年 8 月 11 日首飛，但發現具有嚴重的振動問題。

主翼

▶主翼的平面形狀採用橢圓翼。翼面積達到 454 平方公尺，是當時最大的機翼。

負責設計 K-7 的是加里寧設計局的康斯坦丁·加里寧。他與眾多蘇聯航空技術人員一樣，在史達林進行大清洗時遭到逮捕，並被槍斃。

這裡也有槍座

▲K-7 的振動問題並未解決，1933 年 11 月 21 日試飛之際，因尾桁斷裂而墜毀（15 人死亡，5 人生還）。後來並未重新製作，計畫於 1935 年中止。

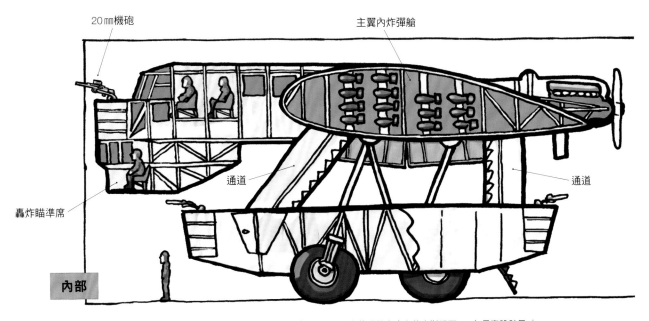

20㎜機砲

主翼內炸彈艙

通道

通道

轟炸瞄準席

內部

加里寧 K-7 的小故事： 為了怕有人會搞不清楚，在這裡要補充說明一下；此機的「加里寧」是指依設計者命名的康斯坦丁·A·加里寧設計局之意，與蘇聯的政治要角米哈伊爾·加里寧以及依其命名的加里寧格勒並無關連。另外，若在網路上搜尋此機會找到很多海外繪者所繪製的 CG 圖像，但多半是 K-7 的想像圖；有些日文網站會把這種 CG 當成真的 K-7 來紹介，請務必多加留意。

TUPOLEV ANT-20 MAKSIM GORKY

圖波列夫 ANT-20 馬克西姆・高爾基

蘇聯
1934年
刊載於 Scale Aviation 2015年5月號

SPECIFICATION

全長：32.9m
翼展：63m
全高：10.6m
空重：2萬8500kg
最大起飛重量：5萬3000kg
最大速度：220km/h
最大航程：1200km
乘員：5人／乘客：48
發動機：AM-34（900hp）×8

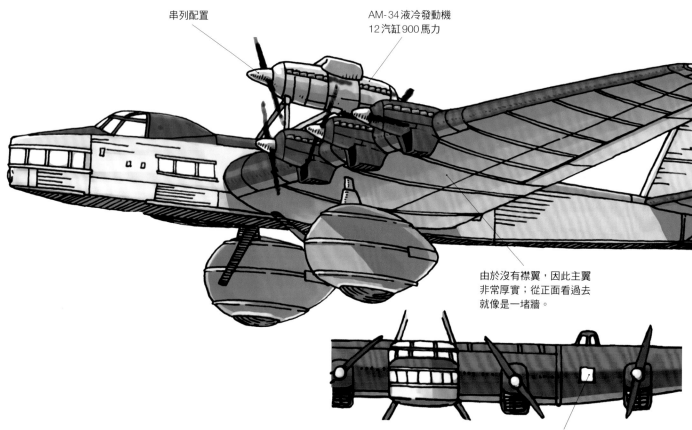

串列配置

AM-34液冷發動機
12汽缸900馬力

由於沒有襟翼，因此主翼
非常厚實；從正面看過去
就像是一堵牆。

發動機觀測用窗

19 34年首飛的ANT-20不僅是當時最大的陸上機，也是史上唯一歸類於「宣傳機」的機型。這架巨人機上裝有許多宣傳裝置，用以告訴民眾蘇聯有多麼偉大。機體是以TB-4轟炸機為基礎研改而成的，採用容克斯式波浪板構造。主翼相當厚，右翼內有發電機、暗房、寢室、行李室，左翼則有印刷室與廁所。機身內不僅有觀影廳、放映室、電信室，甚至還有咖啡廳與浴室。它預定要在遼闊的俄羅斯進行巡迴飛行，於各地宣傳史達林式的社會主義。

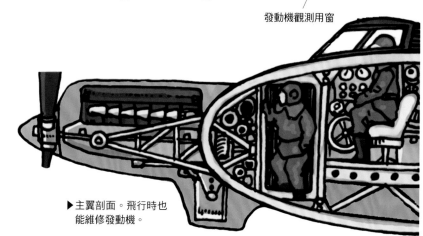

▶主翼剖面。飛行時也
能維修發動機。

▲標語投影機

▲用滾筒印刷機印製傳單、報紙

▲大功率揚聲器

▼改良型的 ANT-20 bis。這架飛機於
　1942 年墜毀，36 人犧牲。

廢除串列發動機

延長機首

CCCP-Л760

機身變得比較細瘦，
根本就是普通客機。

加大尾翼

與波利卡波夫 I-5 相撞

▼1935 年 5 月 18 日，ANT-20 與
　隨伴機相撞後墜毀，造成 45 人
　死亡。設計者圖波列夫也遭到
　清洗，於 1937 年被捕入獄。

馬克西姆・高爾基的小故事：ANT-20 的名稱取自左派作家馬克西姆・高爾基。他為史達林體制推波助瀾，但卻在 1936 年於當局軟禁、過世。至今仍有他是遭到暗殺的說法。至於 ANT-20 在 1935 年發生空中相撞的理由，依據政府發表，居然是隨伴機的飛行員恣意耍特技翻筋斗所致（？！）。為了穩定水平飛行，ANT-20 可在飛行時調整水平尾翼的角度，算是一項有趣的功能。

BOEING XB-15

波音 XB-15

美利堅合眾國
1934年
刊載於Scale Aviation 2016年11月號

SPECIFICATION

全長：26.7m
翼展：45.42m
全高：7.87m
空重：1萬7141kg
最大起飛重量：3萬2139kg
最大速度：317km/h
最大航程：8260km
乘員：10人
發動機：P&WR-1830-11（1000h/p）
武裝：7.62mm機槍×3／12.7mm機槍×3／炸彈5400kg

1934年，依據美國陸軍的超重型轟炸機研製計畫「專案A」，XB-15為計畫第一彈的4發轟炸機，於1937年完成。其翼展達到45m，是當時最大的巨人機，若少裝一點炸彈，甚至可以從關島起飛飛到東京進行轟炸。然而，預定搭載的2000馬力級發動機卻遲遲無法登場，只能使用功率僅一半的發動機。最後因為速度、爬升力不足，並未量產。僅製作1架的原型機轉用為運輸機XC-105，大戰結束後報廢解體。

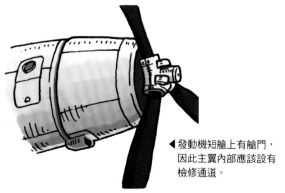

◀發動機短艙上有艙門，因此主翼內部應該設有檢修通道。

與B-17的早期型一樣沒有尾部槍座，若投入量產可能會再加裝也說不定。

機身想像圖

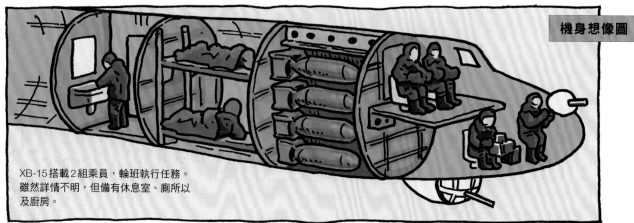

XB-15搭載2組乘員，輪班執行任務。雖然詳情不明，但備有休息室、廁所以及廚房。

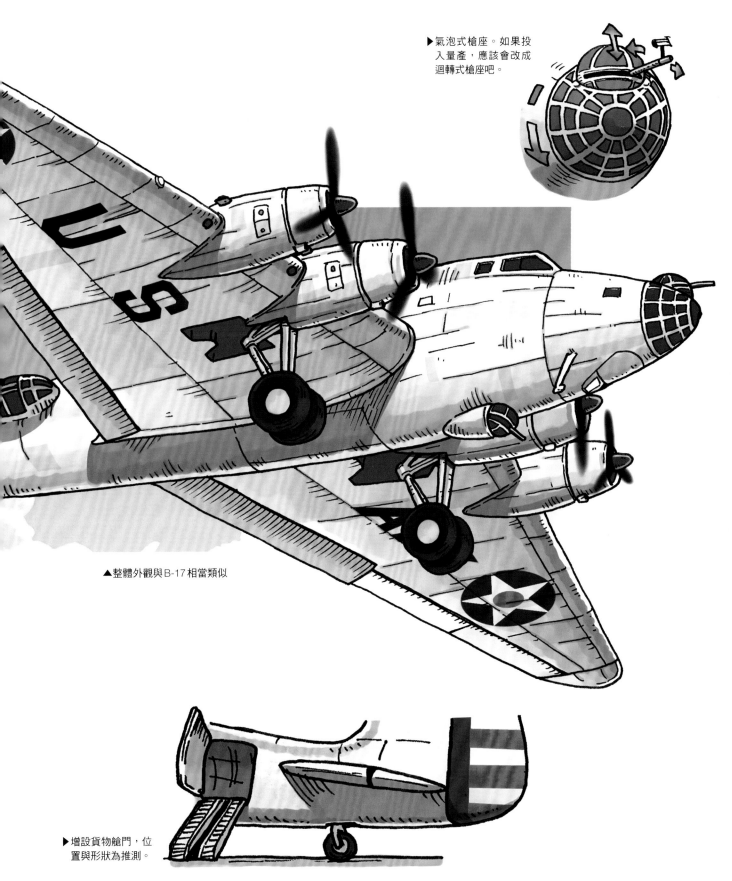

▶氣泡式槍座。如果投
入量產，應該會改成
迴轉式槍座吧。

▲整體外觀與B-17相當類似

▶增設貨物艙門，位
置與形狀為推測。

波音 XB-15 的小故事：光看外表會覺得 XB-15 應該是 B-17 的前身，但實際上研製工作是 B-17 先行展開的，首飛也比 B-17 晚了 2 年，直到
1937 年才飛上天際。唯一一架原型機在珍珠港遇襲後卸除了武裝與炸彈艙，改造成 XC-105 運輸機，主要用於加勒比海方面。改成運輸機
之際也有進行結構減重，空重降至約 1 萬 5400 kg。相對於此，它的最大起飛重量則提升至約 4 萬 1730 kg，酬載能力將近 30 噸。這對第二
次世界大戰的航空器而言是最大級的性能，可見它的確是一款傑出的飛機。

DOUGLAS XB-19

道格拉斯 XB-19

美利堅合眾國
1935年

刊載於 Scale Aviation 2016年11月號

SPECIFICATION

全長：40.34m
翼展：64.62m
全高：12.8m
空重：3萬9000kg
最大起飛重量：6萬3500kg
最大速度：360km/h
最大航程：6759km
乘員：16～24人
發動機：萊特R-3350-5（2000hp）×4
武裝：7.62mm機槍×5／12.7mm機槍×5／37mm機砲×2／炸彈1萬6300kg

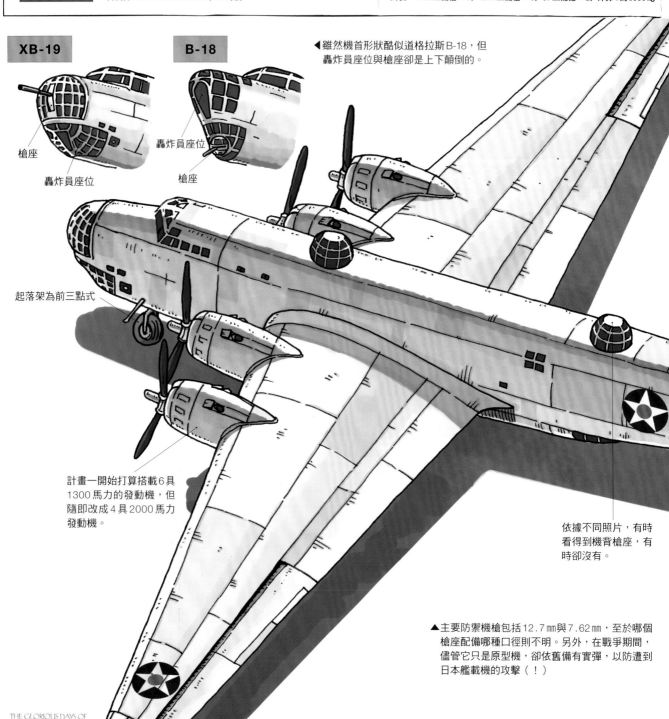

XB-19

槍座
轟炸員座位

B-18

轟炸員座位
槍座

◀雖然機首形狀酷似道格拉斯B-18，但
轟炸員座位與槍座卻是上下顛倒的。

起落架為前三點式

計畫一開始打算搭載6具
1300馬力的發動機，但
隨即改成4具2000馬力
發動機。

依據不同照片，有時
看得到機背槍座，有
時卻沒有。

▲主要防禦機槍包括12.7mm與7.62mm，至於哪個
槍座配備哪種口徑則不明。另外，在戰爭期間，
儘管它只是原型機，卻依舊備有實彈，以防遭到
日本艦載機的攻擊（！）

▲XB-19A搭載的艾利森V-3420（2600hp）是將V-1710橫向連結在一起的W型發動機。換裝之際也將螺旋槳改成4葉槳。

道格拉斯XB-19是美國陸軍超大型轟炸機研製計畫「專案A」的第2款完成機。此計畫始於1935年，翌年訂製原型機。然而，由於機體實在太過龐大，因此就連負責研製的道格拉斯公司都對此機的未來抱持疑問，甚至還一度表明要退出計畫。不過為了累積打造大型機的經驗，他們還是決定繼續研製XB-19。經過為期3年的設計與2年的建造，原型機於1941年首飛成功。即便它配備了與B-29同款的2000馬力R-3350發動機，但出力依舊不敷使用，後來則換裝艾利森V-3420，並改稱為XB-19A。為了蒐集數據，它不斷進行測試飛行，直到1949年才廢棄解體。

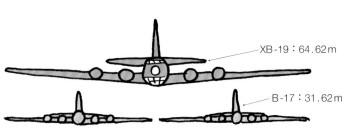

XB-19：64.62m

B-17：31.62m

▲XB-19的翼展為64.62m。把同為4發轟炸機的B-17兩架並在一起都沒它大。

XB-19A的發動機整流罩形狀不同

▲主輪直徑達到2.5m。XB-19報廢解體後只留下這顆機輪，至今仍保存在博物館。

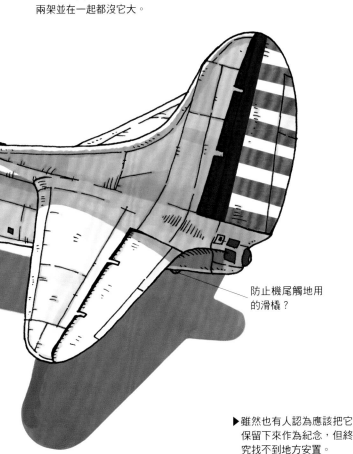

防止機尾觸地用的滑橇？

▲雖然也有人認為應該把它保留下來作為紀念，但終究找不到地方安置。

▶XB-19的機首與尾部都有配備大口徑的37mm機砲

道格拉斯 XB-19 的小故事：道格拉斯公司自當局接到這個計畫案時，因為規模實在太過巨大，一開始還想打退堂鼓，拒絕承接；認為研製像這樣的巨人機將耗費大量時間，就當時航空器進化速度一日千里的狀況來說，等到飛機真的做出來，性能應該也已經落伍（最後並未量產）。陸軍後來對他們解釋說這款飛機的研製目的之一是為了累積製造大型機的經驗，才終於開始著手設計。道格拉斯公司後來有陸續推出DC-4、C-124等大型4發機，它們搞不好都有應用到打造XB-19時的經驗也說不定。

BOEING 314
波音314

美利堅合眾國
1938年
刊載於Scale Aviation 2017年5月號

SPECIFICATION

全長：32.33m
翼展：46.36m
全高：6.22m
空重：2萬1954kg
最大起飛重量：3萬8102kg
最大速度：340km/h
最大航程：7886km
乘員：11人／乘客：68
發動機：萊特R-2600（1600hp）×4

單純只是
安定面

機翼並未裝設輔助浮筒，而是採用
都尼爾式的舷側突出構造。

波音314是大西洋航線所用的載客飛行艇，於1936年開始研製，1938年首飛，翌年交機給泛美航空。可說是一款堪稱「飛天豪華客輪」的極致飛行艇，曾服役於從紐約出發的大西洋航線，以及舊金山～香港等。美軍參與二戰後，改為美國陸、海軍與英國海外航空公司提供運輸服務。戰爭結束後，由於競爭力拚不過陸上機，於1948年退役。12架生產機不是報廢解體，就是因事故而損毀。

英國海外航空公司使用的3架分別命名為
布里斯托、巴維克、班戈。

▲ 1941年，英國海外航空公司引進了3架波音314，投入大西洋航路。
當然，戰爭期間都會塗上迷彩，用於高級賓客的運輸。美國的羅斯福
總統、英國的邱吉爾首相在趕赴緊急會議之際都曾搭乘過本型機。

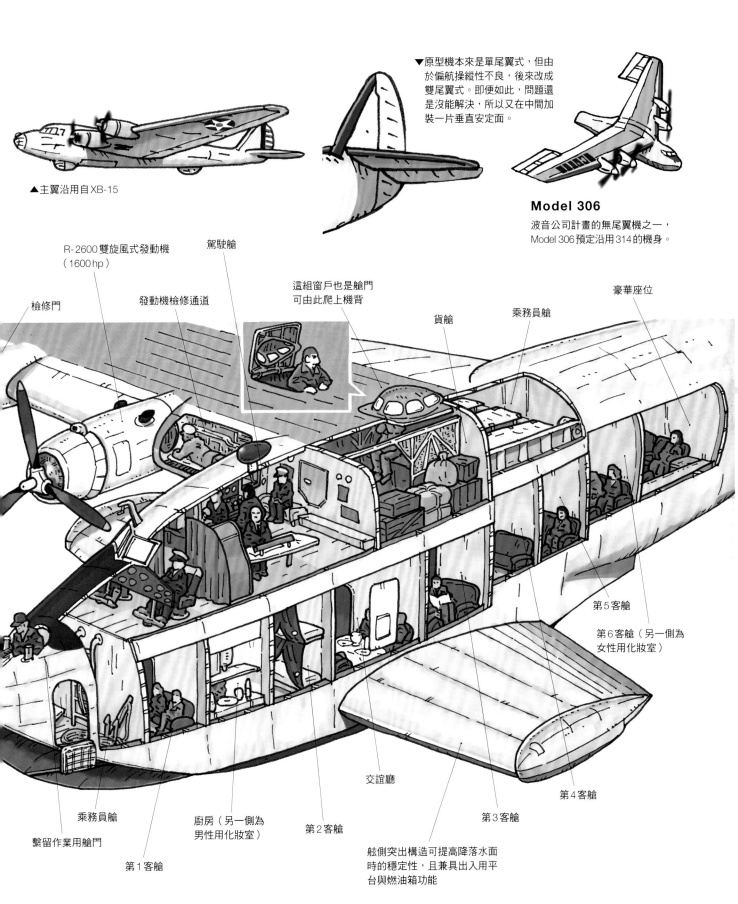

▼原型機本來是單尾翼式，但由
於偏航操縱性不良，後來改成
雙尾翼式。即便如此，問題還
是沒能解決，所以又在中間加
裝一片垂直安定面。

▲主翼沿用自XB-15

Model 306

波音公司計畫的無尾翼機之一，
Model 306預定沿用314的機身。

R-2600雙旋風式發動機
（1600hp）

駕駛艙

這組窗戶也是艙門
可由此爬上機背

貨艙

乘務員艙

豪華座位

檢修門

發動機檢修通道

第5客艙

第6客艙（另一側為
女性用化妝室）

乘務員艙

繫留作業用艙門

廚房（另一側為
男性用化妝室）

第2客艙

交誼廳

第3客艙

第4客艙

第1客艙

舷側突出構造可提高降落水面
時的穩定性，且兼具出入用平
台與燃油箱功能

波音314的小故事：波音314的暱稱為「飛剪船」，但12架生產機都有各自的名字，像是洋基飛剪號、迪克西飛剪號、檀香山飛剪號
等。另外，美國陸、海軍也曾使用本型機，陸軍型號為C-98。波音314雖然是款比較安全的機型，但1942年2月泛美航空的洋基飛
剪號卻墜毀於葡萄牙里斯本郊外的塔古斯河，造成24人死亡。泛美的空難是波音314唯一發生過的死亡事故。

COLUMN.1

聊聊渡邊最喜歡的航空器

◀第二次世界大戰的德國空軍戰鬥機，擔綱主力，持續改良，總生產數包含衍生型在內超過3萬架，是史上量產最多的戰鬥機。

　　說到我最喜歡的航空器，那就是第二次世界大戰的梅塞施密特Bf109F。我曾接過描繪此機透視圖、結構圖的工作，因此就從A型開始遍查所有衍生型的資料，得知E型因為同軸機砲沒能趕上，只能把機槍硬塞進主翼，彈倉的裝法也未免太過牽強了，G型為了強化武裝而配備13㎜機槍，使得機首多出兩個鼓包……從機體設計來看，結構實在是太硬幹了等事。有鑑於此，最合理、洗鍊的設計無非就是F型了。對我而言，這是喜歡上它的構造，且在查資料的過程中（交往過程中）逐漸喜歡上它的，這不就像是與人談戀愛一樣嗎？好像有點不同就是了？（笑）

第二章

第二次世界大戰

CHAPTER 2

WORLD WAR 2

BLOHM UND VOSS BV222

布洛姆+福斯 BV222

德國
1940年
刊載於 Scale Aviation 2021年7月號

SPECIFICATION

全長：36.5m
翼展：46m
全高：10.9m
空重：2萬8545kg
最大起飛重量：4萬5600kg
最大速度：390km/h
最大航程：6100km
乘員：11～14人／士兵：92人
發動機：布拉莫323（900hp）×6
武裝：7.92mm機槍×5／13mm機槍×2

民用型

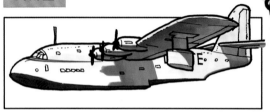

▲1號原型機有極短期間採用民用型塗裝

偵察構型C型

Jumo207C柴油發動機
可透過潛艦進行加油

翼面20mm槍座（有些A型也會搭載）

各種雷達型式會依各機而異

機首的形狀也有變更，
改成側開艙門。

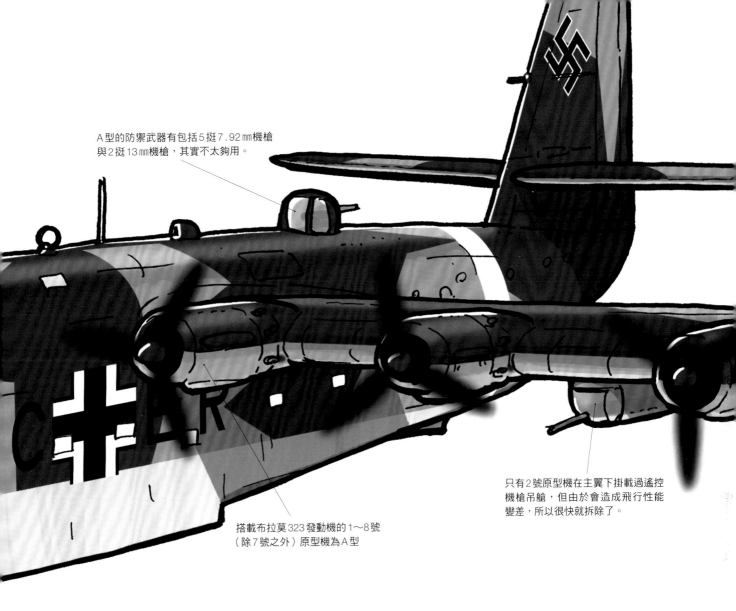

A型的防禦武器有包括5挺7.92㎜機槍與2挺13㎜機槍，其實不太夠用。

只有2號原型機在主翼下掛載過遙控機槍吊艙，但由於會造成飛行性能變差，所以很快就拆除了。

搭載布拉莫323發動機的1～8號（除7號之外）原型機為A型

19 40年9月首飛的BV222，是二次大戰期間量產、運用的飛行艇當中體型最大者。原本是從1938年開始研製的航空用載客飛行艇，但在大戰爆發後，便將1號原型機移交給德國空軍，並改為運輸機。後續生產的2～8號原型機（7號機修改為C型）也比照辦理，分派在挪威及地中海執行運輸任務。另外，海軍也看上它的強大續航能力，將其作為U艇支援偵察機。偵察構型的C型為了延長耐航時間，換用柴油發動機，是其最大特徵。然而，在C型開始服役的1943年，戰況已經嚴重惡化，導致軍需部決定優先量產防空戰鬥機。截至戰爭結束，完成的C型僅有6架。另外，由於喪失制空權的關係，像這種大型機實在難有活動空間，以致於1944年初以後的行動幾乎都告停擺。

收放式輔助浮筒

▶ 主翼的輔助浮筒會分成2半收進機翼

布洛姆＋福斯 BV222的小故事： BV222的設計者是以操刀多款左右非對稱機聞名的伏格博士。BV222除了體積巨大外，就只是一般的飛行艇，但它的前身P.45卻是一款反映設計者特色的獨創機型。雖說P.45是飛行艇，但卻比較像是陸上機，要在水上起降時才會裝上分離式船體。自水面起飛的瞬間，船體會透過彈簧與壓縮空氣推出機身，藉此縮短滑水距離。除此之外，機身也不用設計成船形，對氣動力而言較為有利。此計畫於1937年提出，但因船體裝設作業看起來實在太麻煩，因此並未實際製造。

Latécoère 631
拉泰科埃爾 631

法國
1942年
刊載於 Scale Aviation 2016年1月號

SPECIFICATION

全長：43.46m
翼展：57.43m
全高：10.1m
空重：3萬2400kg
最大起飛重量：7萬1350kg
最大速度：394km/h
最大航程：6000km
乘員：5人
發動機：萊特R-2600-C14（1600hp）×6

▲2號機曾飛到南美進行推銷，原本
期待墨西哥能購買，但並未實現。

拉泰科埃爾631是戰間期誕生於法國的巨人飛行艇。它的設計始於1936年，如果順利研製，應該可以在大西洋航線上發揮長才。然而，當它正準備開始製造時，第二次世界大戰爆發了。首飛要等到1942年，且是在德國的管理下進行的，機體也被扣押（後來毀於空襲）。等到法國解放後的1945年才重新開始生產，於1947年服役，從開始研製算起已經過了10個年頭。在此期間，載客飛行艇已變成落後的產物了。除此之外，1948年也有2架陸續發生墜落事故，使它必須長期停飛，最後便陸續轉為貨機。

艙門

拉泰科埃爾631的德軍構型（想像圖）

▼戰爭期間下訂的2號機，移交給德國占領軍後，便被分解藏了起來。德國扣押這架飛行艇，並計畫讓它裝上臨時起落架，改造成陸上機，但並沒有實現。

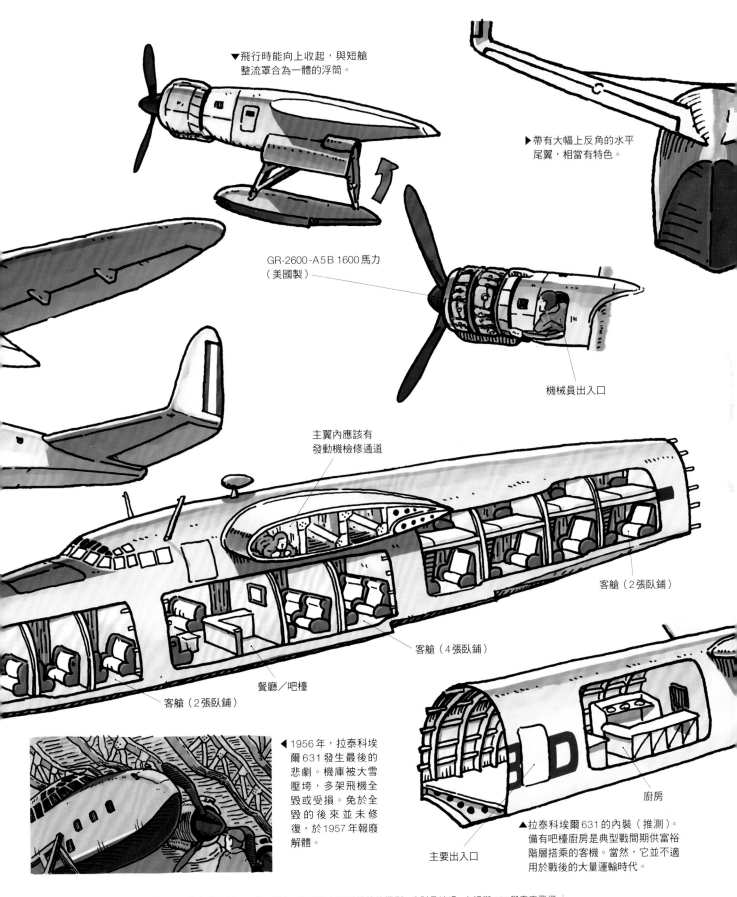

▼飛行時能向上收起，與短艙
整流罩合為一體的浮筒。

▶帶有大幅上反角的水平
尾翼，相當有特色。

GR-2600-A5B 1600 馬力
（美國製）

機械員出入口

主翼內應該有
發動機檢修通道

客艙（2張臥鋪）

客艙（4張臥鋪）

餐廳／吧檯

客艙（2張臥鋪）

◀1956 年，拉泰科埃
爾631發生最後的
悲劇。機庫被大雪
壓垮，多架飛機全
毀或受損。免於全
毀的後來並未修
復，於1957年報廢
解體。

廚房

▲拉泰科埃爾631的內裝（推測）。
備有吧檯廚房是典型戰間期供富裕
階層搭乘的客機。當然，它並不適
用於戰後的大量運輸時代。

主要出入口

拉泰科埃爾631的小故事： 法國除了拉泰科埃爾631外，還有2款用於大西洋航線的機型，分別是波堤・卡姆斯161與東南飛機
SE.200，皆為6發大型飛行艇，最大航程2000 km，預計可載客超過20人。最後這2架也都因為德國進占的關係而拖遲研發時程，
等到戰爭結束時已不符合時代需求。波堤・卡姆斯161與SE.200皆未當作客機使用，就這點來看，拉泰科埃爾631還算比較幸運。

MESSERSCHMITT Me264

梅塞施密特 Me264

德國
1942年
刊載於 Scale Aviation 2017年9月號

SPECIFICATION

全長：20.9m
翼展：43m
全高：4.3m
空重：2萬1150kg
最大起飛重量：5萬6000kg
最大速度：560km/h
最大航程：1萬5000km
乘員：8人
發動機：BMW 801 D（1700hp）×4
武裝：13㎜機槍×3／20㎜機砲×2／炸彈3000kg

1號原型機原本搭載容克斯
Jumo 211 發動機（1340hp）

▶後來換成BMW 801
（1700hp），以增加
輸出功率。

梅 塞施密特Me264是基於空襲美國東岸為
目的的「美利堅轟炸機計畫」所研製的
戰略轟炸機。原型為梅塞施密特公司於1937年
構思的長程飛機P.1061，雖然該計畫很早就喊
停了，但在1940年8月又重新啟動，以發展能
夠攻擊美國的機型。1941年，德國海軍也加入
計畫，預計將其用於潛艦支援偵察機。1942年
12月23日，原型機首飛，1943年秋季已經有
辦法空襲美國本土了。但由於戰局惡化的關
係，研製遲遲沒有進展，海軍也於1943年6月
退出計畫，就連希特勒也承認計畫失敗，但研
製工作仍持續進行。唯一可以飛行的機體卻在
1944年7月毀於空襲，剩下的2架原型機也受
損。同年8月，該計畫宣告中止。

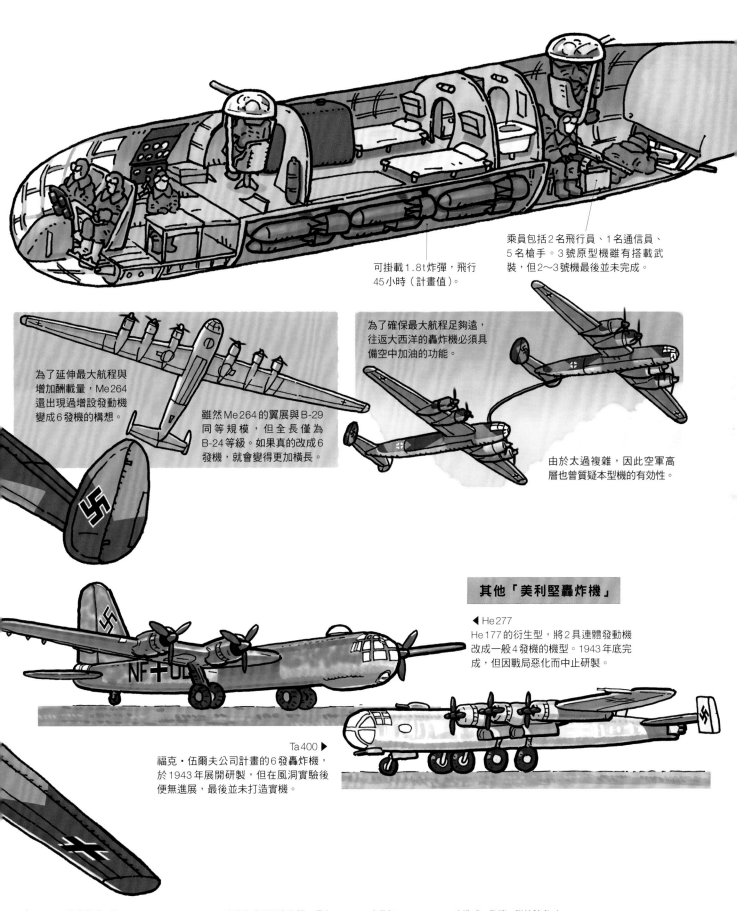

可掛載1.8t炸彈,飛行45小時(計畫值)。

乘員包括2名飛行員、1名通信員、5名槍手。3號原型機雖有搭載武裝,但2～3號機最後並未完成。

為了延伸最大航程與增加酬載量,Me 264還出現過增設發動機變成6發機的構想。

雖然Me 264的翼展與B-29同等規模,但全長僅為B-24等級。如果真的改成6發機,就會變得更加橫長。

為了確保最大航程足夠遠,往返大西洋的轟炸機必須具備空中加油的功能。

由於太過複雜,因此空軍高層也曾質疑本型機的有效性。

其他「美利堅轟炸機」

◀ He 277
He 177的衍生型,將2具連體發動機改成一般4發機的機型。1943年底完成,但因戰局惡化而中止研製。

Ta 400 ▶
福克・伍爾夫公司計畫的6發轟炸機,於1943年展開研製,但在風洞實驗後便無進展,最後並未打造實機。

Me 264的小故事:除Me 264、He 277、Ta 400以外的美利堅轟炸機,還有Ju 390。它是把Ju 90/Ju 290改造成6發機,詳情請參閱本書54～55頁。另外,完全只有紙上計畫的,則有由知名全翼機專家霍頓提案的Ho 18。這款全翼機型計畫配備6具噴射發動機,說真的,以大戰時期的技術來說很難想像有辦法付諸實現。再加上提案時期已是1945年2月,完全不可能趕上。

HEINKEL He111Z ZWILLING

亨克爾 He111Z 雙胞式

德國
1942年
刊載於Scale Aviation 2018年5月號

SPECIFICATION

全長：16.69m
翼展：35.4m
全高：4.53m
空重：2萬1400kg
最大起飛重量：2萬8400kg
最大速度：435km/h
最大航程：2300km
乘員：5人
發動機：容克斯 Jumo211F（1340hp）×5
武裝：7.92mm機槍×13／炸彈7200kg

亨克爾He111Z是一款將2架He111轟炸機橫向連結在一起的奇妙機型，它是為了拖曳大型滑翔運輸機Me321而製作的，於1942年開始生產，1943年服役。然而，由於Me321的實用性欠佳，He111Z很快就不再執行滑翔機拖曳任務了，之後轉用為運輸機。He111Z的Z是德文Zwilling（雙胞胎）的意思。

▼此圖將鋼纜畫得比較短。拖曳Me321時會使用150m長的鋼纜。

在研製He111Z之前，是由3架Bf110戰鬥機牽引。由於極不穩定且又危險，必須以1架大型機來牽引。

◀等到將Me321加上動力的Me323出現之後，He111Z就派不上用場了。He111Z的總生產數僅有10架。

▼除了Me321之外，還能同時拖曳兩架Go242。

◀有照片拍到由He111Z牽引在右翼下吊掛Me262機身的Me323。應該是飛行炸彈研製工作的一環，詳情不明。

— Me262吊掛於此

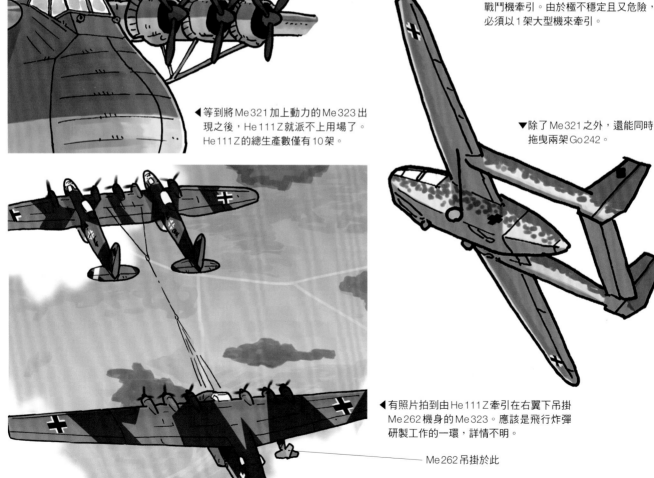

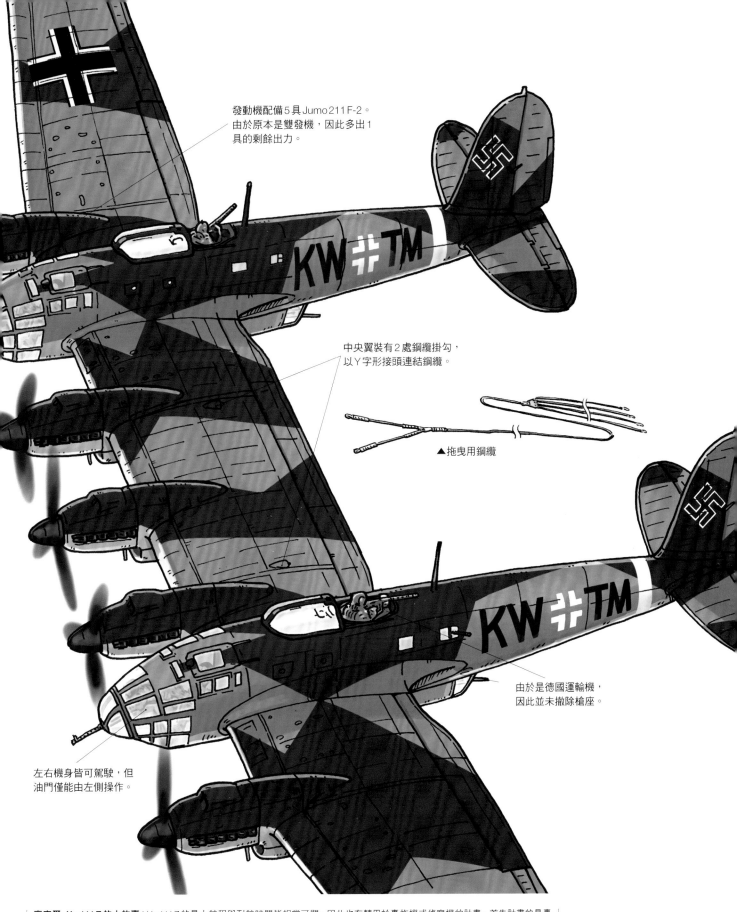

發動機配備5具 Jumo 211F-2。
由於原本是雙發機，因此多出1
具的剩餘出力。

中央翼裝有2處鋼纜掛勾，
以Y字形接頭連結鋼纜。

▲拖曳用鋼纜

由於是德國運輸機，
因此並未撤除槍座。

左右機身皆可駕駛，但
油門僅能由左側操作。

亨克爾 He 111Z 的小故事：He 111Z 的最大航程與耐航時間皆相當可觀，因此也有轉用於轟炸機或偵察機的計畫。首先計畫的是轟炸機型的 He 111Z-2，可掛載4顆1.8t大型炸彈，並且配備渦輪增壓器，最大航程達4000km。至於偵察機構型的 He 111Z-3 則使用特別設計的副油箱，最大航程預計可以超過6000km。這兩款構型皆因節約資源的關係，並未投入生產。另外，雖說 He 111Z 的生產數量為10架，但也有資料顯示其實有11架。

MESSERSCHMITT Me323 GIGANT

梅塞施密特 Me323 巨人式

德國
1943年
刊載於 Scale Aviation 2015年7月／2019年5月號

SPECIFICATION

全長：28.2m
翼展：55.2m
全高：10.5m
空重：2萬7330kg
最大起飛重量：4萬3000kg
最大速度：285km/h
最大航程：800km
乘員：5人／士兵：130人
發動機：諾姆‧隆14N（1164hp）×6
武裝：7.92mm機槍×5（或13mm機槍×5）

19 40年法國投降後，德國便接著進攻英國本土。為了跨越英法海峽，迅速運輸資材，必須具備大型滑翔機。1940年10月，德國決定對蘇聯開戰，使得登陸英國本土的計畫遭到順延，但滑翔機研製工作仍然持續進行中。應運而生的便是超大型滑翔機Me321巨人式，加上發動機的動力版本則為Me323。翼展55m，全長28m，相當龐大，運輸能力也很強，可裝載12t貨物或120名全副武裝的士兵。本型機活躍於地中海與東部戰線，甚至還能搭載裝甲車輛，對於裝甲部隊來說相當寶貴。但巨人式實在過於鈍重，最大速度僅有200km/h左右，當德國失去制空權後，便成了盟軍戰機的絕佳標靶。雖有陸續推出強化防禦的衍生型，但仍在1944年決定停止生產。

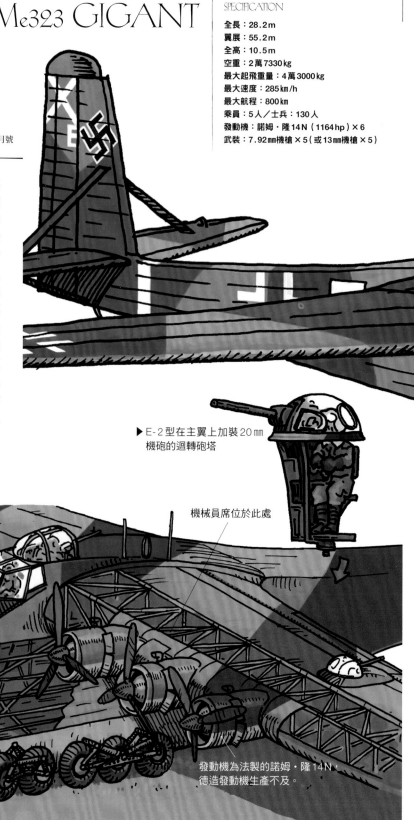

▶E-2型在主翼上加裝20mm機砲的迴轉砲塔

機械員席位於此處

發動機為法製的諾姆‧隆14N，德造發動機生產不及。

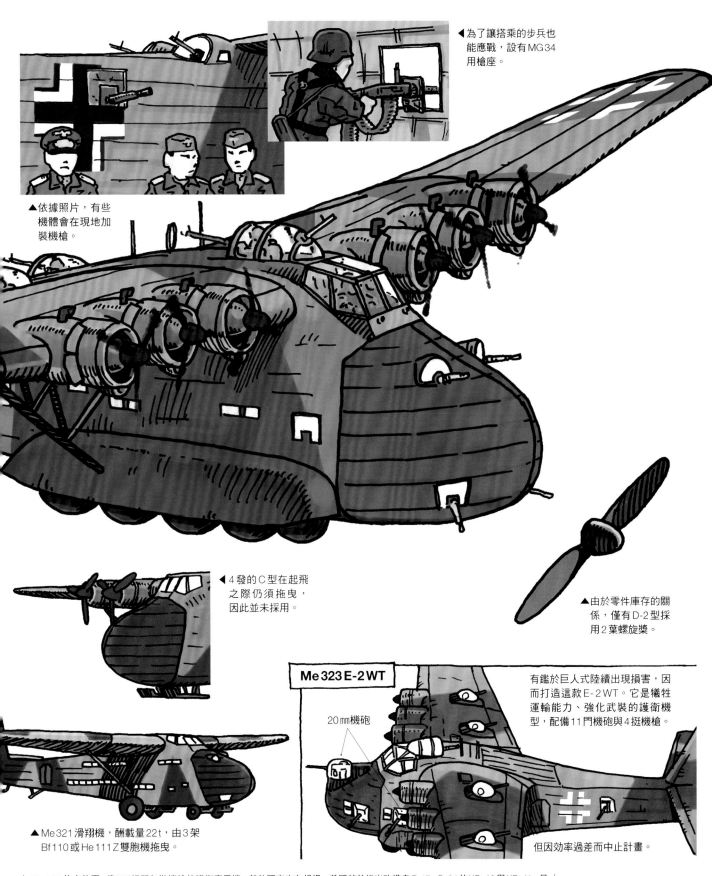

▶為了讓搭乘的步兵也能應戰，設有MG34用槍座。

▲依據照片，有些機體會在現地加裝機槍。

◀4發的C型在起飛之際仍須拖曳，因此並未採用。

▲由於零件庫存的關係，僅有D-2型採用2葉螺旋槳。

Me 323 E-2 WT

20㎜機砲

有鑑於巨人式陸續出現損害，因而打造這款E-2 WT。它是犧牲運輸能力、強化武裝的護衛機型，配備11門機砲與4挺機槍。

但因效率過差而中止計畫。

▲Me 321滑翔機，酬載量22t，由3架Bf 110或He 111Z雙胞機拖曳。

Me 323 的小故事：像WT這種加裝機槍的護衛專用機，其他國家也有想過。美國就曾推出改造自B-17、B-24的XB-40與XB-41，日本也有推出改自一式陸攻的「翼端掩護機」計畫，但它們都在長程戰鬥機登場後胎死腹中。到了大戰末期，還有一款比巨人式更加巨大的ZSO 523正在研製，其翼展達到70m，全長40m，酬載量有35t，簡直就是怪物。在德軍撤出巴黎時似乎已進入模型製作階段。

▲機首的武裝配置
有相當

▼Me 321A雖然是無武裝機型,但在戰局惡化後,卻陸續加裝防禦武器。武器配置並無統一,有多種模式存在。

搭乘的士兵也能從機內射擊機槍

▲基本防禦武器是7.92mm機槍,但也有在現地加裝的武器,因此很難掌握全貌

Me 321／323的衍生型

Me 321 A
單座滑翔機型

Me 321 B
雙座滑翔機型

Me 323 C
4發機型。僅試製

Me 323 D
搭載諾姆・隆14N的
6發機型

Me 323 E
20mm機砲槍座配備型

Me 323 E-2 WT
廢除運輸能力的砲艇機型
僅試製

▲雖然總生產量很少,但還是有裝上不同發動機的小改款,但都沿用Me 321與Me 323型號,因此Me 323並無A、B型的存在。

DFS 230改造教練機

◀Me 321飛行員用教練機。加裝較長的主起落架,使座艙位置能接近Me 321的高度

相關機　　　Ju 322 猛獁象式

▲容克斯公司的運輸滑翔機,是款翼展62m的巨人機,競標時敗給Me 321。

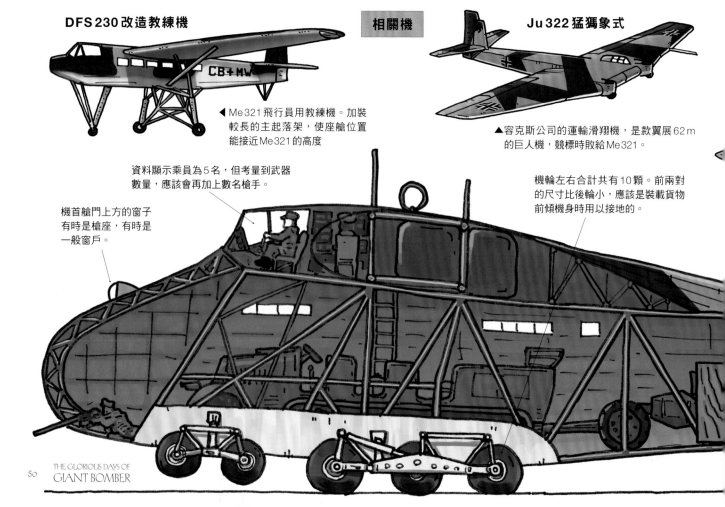

資料顯示乘員為5名,但考量到武器數量,應該會再加上數名槍手。

機首艙門上方的窗子有時是槍座,有時是一般窗戶。

機輪左右合計共有10顆。前兩對的尺寸比後輪小,應該是裝載貨物前傾機身時用以接地的。

Me 323 的機體構造

▲Me 321、Me 323雖然機體十分巨大，但構造卻只是單純的帆布蒙皮搭配鋼管骨架。盟軍戰機攻擊本型機時，還出現子彈通通穿出機外的窘況，這件事常被拿出來說嘴。如果飛機燒起來的話，最後只會剩下骨架。

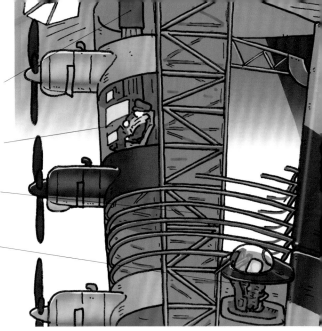

主翼內機艙？有文獻指出主翼根部也有可以搭乘6人的客艙。

機械員座位。Me 323最大的謎團。由於缺乏資料，詳情不明。

主翼樑。鋼管桁架結構

20㎜機砲迴轉槍座，不知是否有連結通道。

滑翔機型 Me 321

翼展達到55.2m！是二戰期間最大級的陸上機。

以3架Bf 110或He 111改造雙胞機拖曳飛行。

切離式車輪

起飛用助推火箭

巨大的垂直尾翼，飛機全高10.5m。

動力機型 Me 323

諾姆・隆14N

主翼配備6具發動機，有些型式會加裝迴轉槍座。

貨物、車輛由機首艙門進出

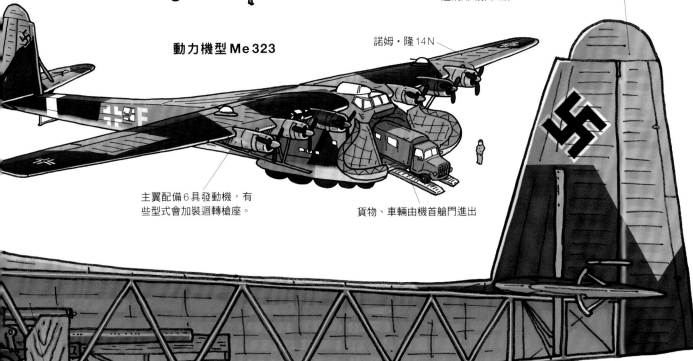

防止機尾觸地的滑橇

酬載9750kg的狀態可飛行1000km，若在內部裝上備用底板，則可搭乘120名全副武裝的士兵。

NAKAJIMA(G5N)SHINZAN
中島 G5N 深山

日本
1943年
刊載於 Scale Aviation 2019年3月號

SPECIFICATION

全長	42.13m
翼展	31.01m
全高	6.13m
空重	2萬3500kg
最大起飛重量	3萬2000kg
最大速度	420km/h
最大航程	4260km
乘員	6～7人
發動機	中島護一一型（1870hp）×4
武裝	7.7mm機槍×4／20mm機砲×2／炸彈4000kg

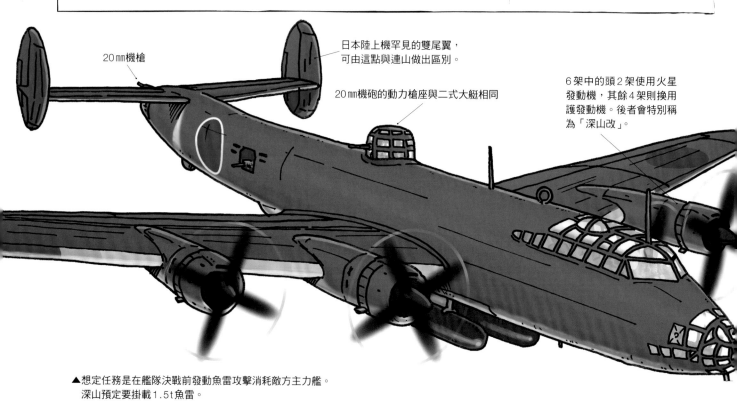

20mm機槍

日本陸上機罕見的雙尾翼，可由這點與連山做出區別。

20mm機砲的動力槍座與二式大艇相同

6架中的頭2架使用火星發動機，其餘4架則換用護發動機。後者會特別稱為「深山改」。

▲想定任務是在艦隊決戰前發動魚雷攻擊消耗敵方主力艦。
深山預定要掛載1.5t魚雷。

十三試陸上攻擊機深山是日本海軍意圖作為「陸攻」決定版的機型，研製工作始於1938年。為了使酬載量能超越九六式與一式陸攻，因而設計成4發機。研製工作由中島飛行機獨自擔綱。但由於從零開始，從未曾經驗過大型機的設計，相當困難，因此便採用自美國進口4發機，並沿用其設計的方法。有鑑於此，便從美國買進DC-4E客機，而後展開設計作業，不過沿用的僅有主翼，機身為全新設計。1號原型機於1941年4月8首飛，但原型機的性能卻完全無法符合期待。不僅重量過重、發動機馬力不足、低速，且還一直發生油壓故障，根本無法達到能夠用於實戰的水準。1943年改稱為試製「深山」，為了進行研究，持續執行測試飛行。到了1943年後半曾出現將6架原型機中的4架用於南方運輸任務的提案，因此深山就被改造成運輸機。4架深山從1944年2月開始於一二一航空隊執行任務，但活躍期相當短。同年4月，其中一架於鹿屋因事故折損，6月另一架在天寧島戰役遭毀。深山的運用於8月告終，剩下的2架留在厚木直到戰爭結束，沒被改造成運輸機的1號機與2號機則在1945年的橫須賀空襲中被摧毀。

◀由於是參考美國製的DC-4E（山寨？），因此起落架為前三點式，主起落架並非裝設於發動機短艙，而是摺疊收入主翼，迥異於其他日本機。

◀1944年6月，佈署至天寧島的深山因美軍空襲而受損。一〇二一空隊員取下深山的武器轉為陸戰隊應戰，最後全員玉碎。

▼參考藍本DC-4E。當時硬是跟美國說只會把它當成客機。

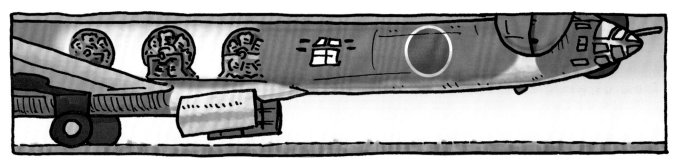

▲在原本是尾部槍座的地方加裝應是用來裝卸貨物的艙門。

戰爭結束時，留在厚木的機體，尾翼已折斷。

深山的小故事：插圖畫的魚雷吊掛方式是筆者的想像，也有可能會收進炸彈艙。另外，深山改造成運輸機之際，也卸除了油壓操縱系統，雖然實用性改善了，卻也犧牲了機動性。當時說要買來當作客機使用的DC-4E，在運抵日本後便被拆解研究，且似乎還跟美國報告說「在試飛時墜毀」。另有文獻指出，其實道格拉斯公司在交易之際便已察覺到日本的意圖，但為了公司利益而假裝沒發現。DC-4E在研製階段稱作DC-4，但後來未獲採用因此便在型號後面加上「E」，將它歸類為原型機，而後另起爐灶研製DC-4

JUNKERS Ju390

容克斯 Ju390

德國
1943年
刊載於 Scale Aviation 2020年9月號

SPECIFICATION

全長：29.15m
翼展：55.32m
全高：6.88m
空重：3萬6900kg
最大起飛重量：7萬5500kg
最大速度：505km/h
最大航程：9700km
乘員：10人
發動機：BMW801D（2000hp）×6
武裝：13mm機槍×4／20mm機砲×3／炸彈1800kg

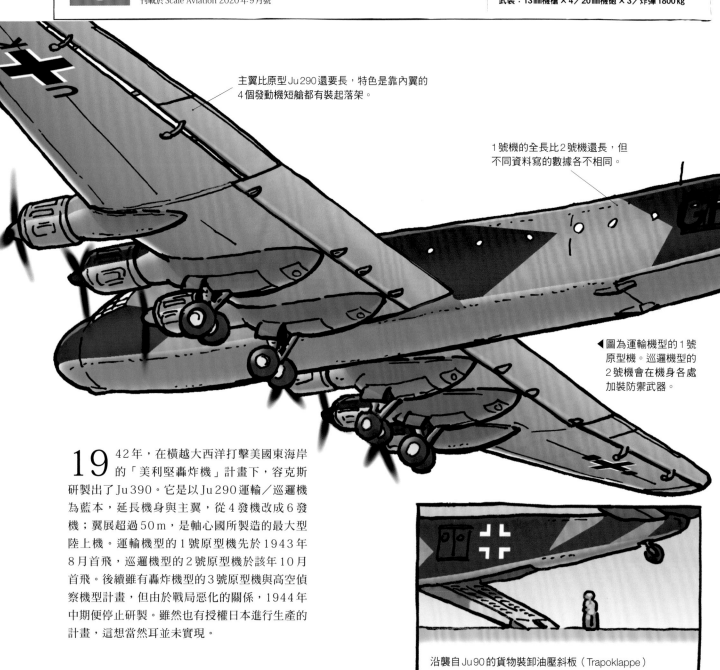

主翼比原型Ju290還要長，特色是靠內翼的
4個發動機短艙都有裝起落架。

1號機的全長比2號機還長，但
不同資料寫的數據各不相同。

◀圖為運輸機型的1號
原型機。巡邏機型的
2號機會在機身各處
加裝防禦武器。

沿襲自Ju90的貨物裝卸油壓斜板（Trapoklappe）

19 42年，在橫越大西洋打擊美國東海岸的「美利堅轟炸機」計畫下，容克斯研製出了Ju390。它是以Ju290運輸／巡邏機為藍本，延長機身與主翼，從4發機改成6發機；翼展超過50m，是軸心國所製造的最大型陸上機。運輸機型的1號原型機先於1943年8月首飛，巡邏機型的2號原型機於該年10月首飛。後續雖有轟炸機型的3號原型機與高空偵察機型計畫，但由於戰局惡化的關係，1944年中期便停止研製。雖然也有授權日本進行生產的計畫，這想當然耳並未實現。

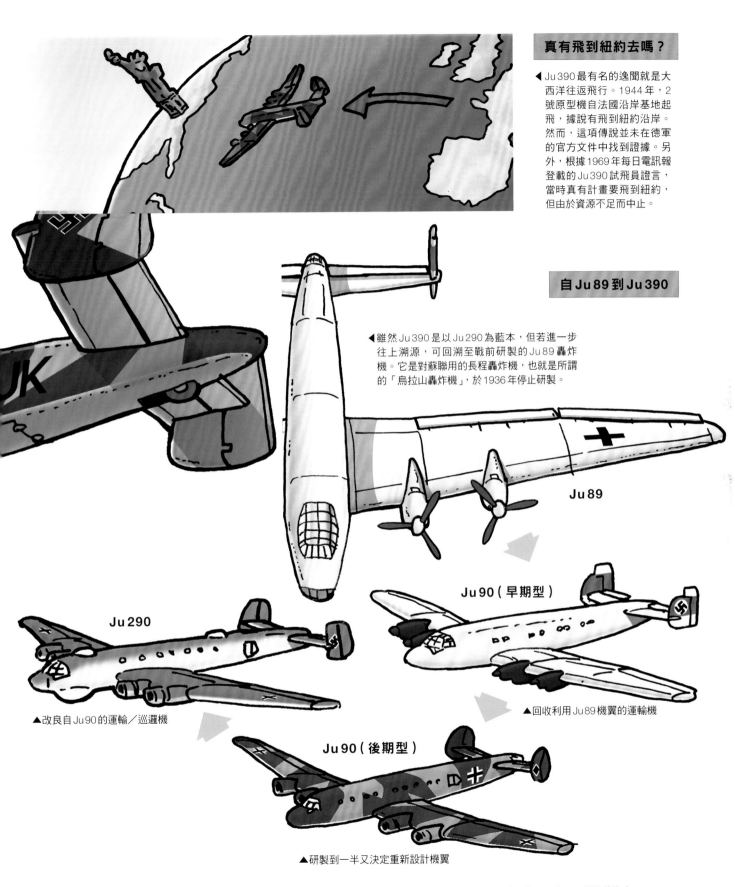

真有飛到紐約去嗎？

◀ Ju390最有名的逸聞就是大西洋往返飛行。1944年，2號原型機自法國沿岸基地起飛，據說有飛到紐約沿岸。然而，這項傳說並未在德軍的官方文件中找到證據。另外，根據1969年每日電訊報登載的Ju390試飛員證言，當時真有計畫要飛到紐約，但由於資源不足而中止。

自Ju89到Ju390

◀ 雖然Ju390是以Ju290為藍本，但若進一步往上溯源，可回溯至戰前研製的Ju89轟炸機。它是對蘇聯用的長程轟炸機，也就是所謂的「烏拉山轟炸機」，於1936年停止研製。

Ju89

Ju90（早期型）

Ju290

▲改良自Ju90的運輸／巡邏機

▲回收利用Ju89機翼的運輸機

Ju90（後期型）

▲研製到一半又決定重新設計機翼

容克斯 Ju390 的小故事： 在圖說中也有提到，Ju390到底有沒有飛到紐約，目前並無證據。至於這項傳說的來源，最早出現於1955年RAF飛行總覽所登載的文章，但當時作者便對這項說法抱持懷疑態度。後來在1969年出版的威廉・格林著作中也有提及，許多文獻便在沒有確實證據下直接引用，造成此說廣為流傳。另外，根據每日電訊報登載的Ju390前試飛員證言，在計畫飛往紐約之前，該機已於1944年初實施自德國往返開普敦（南非）的測試飛行，這也同樣令人難以置信。

BOEING 377 STRATOCRUISER
波音377 同溫層巡航者式

美利堅合眾國
1944年
刊載於 Scale Aviation 2018年3月號

SPECIFICATION

全長：33.65m
翼展：43m
全高：11.66m
空重：3萬7910kg
最大起飛重量：7萬6195kg
最大速度：603km/h
最大航程：7360km
乘員：6人／士兵：134人
發動機：P&W R-4360B（3500hp）×4

▼波音377於1947年7月首飛，
1950年開始由泛美航空運用，
之後則由美、法的航空公司投入
太平洋、大西洋航線。

珍珠港遭到攻擊後，波音公司便提案以仍在研製階段的B-29來發展運輸機型。此型機以B-29為基礎，是採用新的機身設計，型號為C-97的新型運輸機，於1944年11月首飛。波音公司在首飛之前便打算發展客機型，後來成為波音377同溫層巡航者式。波音377自1949年開始服役，最大航程4425km，載客數可達100人，就大型往復發動機式客機而言可謂登峰造極。然而，它卻因螺旋槳設計問題而發生墜機事故，可靠度低至令人傷腦筋。等到新型噴射客機登場後，便於1960年代初期幾乎退役。較令人意外的是波音377的其他使用國以色列，將它們改造成運輸、訓練或傘兵用機。

追加機身

B-29

◀▲XC-97原型機除了機身外幾乎維持
B-29原樣。C-97／377的構造可
說是在B-29的機身上方加裝另一
副機身，如此想像便能輕易理解。

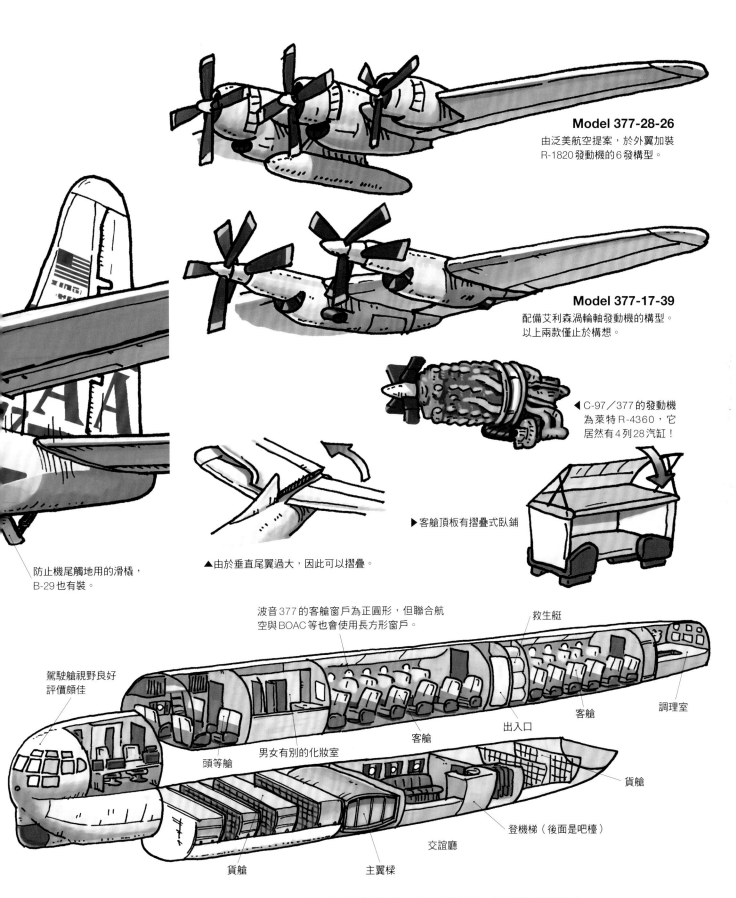

Model 377-28-26
由泛美航空提案，於外翼加裝
R-1820發動機的6發構型。

Model 377-17-39
配備艾利森渦輪軸發動機的構型。
以上兩款僅止於構想。

◀ C-97／377的發動機
為萊特R-4360，它
居然有4列28汽缸！

▶ 客艙頂板有摺疊式臥鋪

防止機尾觸地用的滑橇，
B-29也有裝。

▲由於垂直尾翼過大，因此可以摺疊。

波音377的客艙窗戶為正圓形，但聯合航
空與BOAC等也會使用長方形窗戶。

救生艇

駕駛艙視野良好
評價頗佳

頭等艙

男女有別的化妝室

客艙

出入口

客艙

調理室

貨艙

登機梯（後面是吧檯）

交誼廳

貨艙

主翼樑

波音377的小故事：377的衍生型最有名的就是孔雀魚系列。1960年代為了空運火箭而造，將377的上層機身放大。首架機型因其特殊的
外觀而命名為抱卵孔雀魚。後來又推出發展型的超級孔雀魚，以及小型版的迷你孔雀魚。1970年代空中巴士公司引進孔雀魚用於部件運
輸，並研製換用渦輪軸發動機的孔雀魚201。孔雀魚201總共製造4架，其中一架移交給NASA，至今仍用於部件運輸。

CONSOLIDATED B-32 DOMINATOR

團結 B-32 支配者式

美利堅合眾國
1944年
刊載於 Scale Aviation 2019年11月號

SPECIFICATION
全長：25.32m
翼展：41.15m
全高：10.06m
空重：2萬7350kg
最大起飛重量：4萬5400kg
最大速度：575km/h
最大航程：6100km
乘員：10人
發動機：萊特R-3350-23A（2200hp）×4
武裝：12.7mm機槍×10／炸彈9100kg

與原型機大不相同的
（退化？）機首

炸彈艙門與B-24雷同

19 39年11月，為了更新B-17與B-24，美
陸軍航空隊表明即將研製新型轟炸機。
團結公司於1940年11月展開研製工作，製造
3架原型機（XB-32）。1號機於1942年9月完
成，同月9日首飛（後於1943年5月因事故全
毀）。測試結果顯示它並未滿足所要求的性能。陸
軍航空隊於1943年8月提出設計變更，使得
B-32的研製工作大幅延遲。量產1號機拖到
1944年8月才完成，等它配賦至太平洋戰場，已
經是1945年5月的事了。B-32的首次出擊是空
襲位於菲律賓的日軍基地，該年7月進駐沖繩，
對九州、朝鮮半島沿岸執行偵察、艦船攻擊，直
到戰爭結束。

▲寇蒂斯電器的螺旋槳只靠按鈕操作
便能輕易將螺距轉為逆槳，可大幅
縮短降落時的滑行距離，這是其中
一項比B-29優秀的長處。

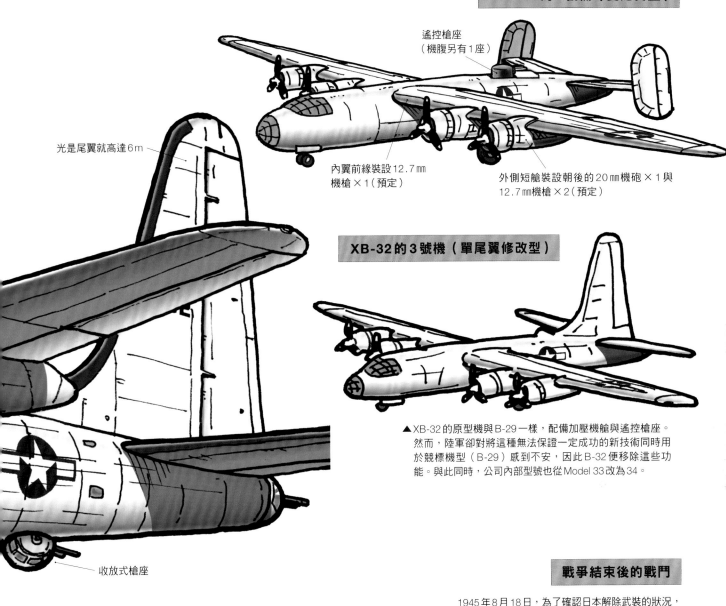

XB-321的2號機（雙尾翼型）

遙控槍座
（機腹另有1座）

光是尾翼就高達6m

內翼前緣裝設12.7㎜
機槍×1（預定）

外側短艙裝設朝後的20㎜機砲×1與
12.7㎜機槍×2（預定）

XB-32的3號機（單尾翼修改型）

▲XB-32的原型機與B-29一樣，配備加壓機艙與遙控槍座。
然而，陸軍卻對將這種無法保證一定成功的新技術同時用
於競標機型（B-29）感到不安，因此B-32便移除這些功
能。與此同時，公司內部型號也從Model 33改為34。

收放式槍座

戰爭結束後的戰鬥

1945年8月18日，為了確認日本解除武裝的狀況，
4架B-32從沖繩飛至千葉的印旛及其他機場。但卻
遭4架日軍戰機攔截，攝影師安東尼・馬爾齊奧內
中士因此陣亡，成為第二次世界大戰最後一位戰死
的美軍人員。

攔截機可能是零戰、二式單戰或三式戰

B-32的小故事： 研製B-32的團結飛機公司，於1943年3月與伏爾提飛機公司合併，更改名為「團結伏爾提（Consolidated Vultee）」，簡稱「康維爾（Convair）」。話說8月18日（應該是美國時間。日本時間是8月19日？）的戰鬥，日本派出的攔截機充滿很多謎團。根據文獻記載，起飛攔截的包括零戰、二式單戰、三式戰，但也有資料顯示只有海軍機前往攔截，陸軍機並未出動。另外，雖然美軍戰報聲稱擊落數架零戰，但日本的官方資料卻未記錄損失。不知這是尋常的誇大戰果報告，還是意圖隱瞞終戰後仍因戰鬥而出現的損失。

MARTIN JRM MARS

馬丁 JRM 火星式

美利堅合眾國
1945年

刊載於 Scale Aviation 2016年5月號

SPECIFICATION

全長：35.74m
翼展：60.96m
全高：11.71m
空重：3萬4279kg
最大起飛重量：4萬0823kg
最大速度：356km/h
最大航程：7960km
乘員：11人／士兵：133人
發動機：萊特R-3350-8（2400hp）× 4

以巨大V型支柱支撐的
輔助浮筒

19 42年6月首飛的馬丁XPB2M-1巡邏轟炸機，是款翼展超過60m的大型飛行艇，為當時美國最大級的軍用機。但就巡邏機而言速度太過緩慢了，便因此卸除武裝，當成運輸機測試用。由於表現不錯，美國海軍便於1945年1月重新設計推出新型運輸機，此即為JRM。1號機於1945年7月首飛，海軍訂購了20架。但戰爭在它服役之前便告結束，因此僅製造了6架。JRM於太平洋從事運輸任務，1956年除役。

▶ 機身側面有貨物艙門，主翼下備有天車。

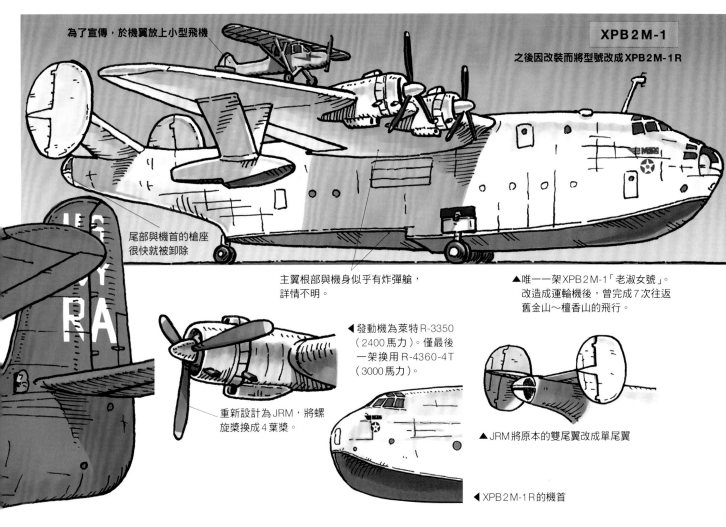

為了宣傳，於機翼放上小型飛機

XPB2M-1

之後因改裝而將型號改成XPB2M-1R

尾部與機首的槍座很快就被卸除

主翼根部與機身似乎有炸彈艙，詳情不明。

發動機為萊特R-3350（2400馬力）。僅最後一架換用R-4360-4T（3000馬力）。

重新設計為JRM，將螺旋槳換成4葉槳。

▲唯一一架XPB2M-1「老淑女號」。改造成運輸機後，曾完成7次往返舊金山～檀香山的飛行。

▲JRM將原本的雙尾翼改成單尾翼

◀XPB2M-1R的機首

令人驚訝的是JRM於1959年賣了4架給以加拿大為據點的民間企業，並改造成消防飛行艇。雖有2架因事故而損失，但由於酬載量夠大，直至2015年仍用於消防任務。

消防飛行艇

◀自船底放水

▶自機身側面放水

塗裝漆成紅白兩色

現在仍能飛行！

可裝載約2萬7000公升的消防用水，現存2架的放水方式各不相同。

馬丁 JRM 的小故事：XPB2M、JRM的暱稱皆為「火星式」，且6架都有各自的命名，分別為夏威夷火星（初代）、菲律賓火星、馬里亞納火星、馬紹爾火星、夏威夷火星（二代目）、加羅林火星。雖然馬丁公司也有計畫推出客機版的 Model 170-21，但由於沒有航空公司訂購，因此並未實現。

COLUMN.2

聊聊渡邊最喜歡的巨人機

▲為大西洋航線而製造的德國大型飛行艇。
僅製造3架,交給義大利的2架被解體,剩
下的1架收藏於德國航空運輸博物館,但
卻毀於空襲。

　　說到我最喜歡的巨人機那絕對是都尼爾X!我在
小時候就已知道這型飛機,雖然本來就很喜歡飛行
艇,但都尼爾X不僅尺寸巨大,且還是12發機,發
動機配置方式也很棒。此外,它的輔助浮筒並非懸
於機翼而是裝在機身側面。知道這些構造之後,又
讓我對它更加喜愛了。然而,最具魅力的還是它那
奢豪的內部裝潢;現今的客機根本無法與1920～
30年代的相比,它簡直就像是飛在天上的豪華客
船。不僅地板與牆壁都鋪上木板,餐具也由都尼爾
特別訂製,椅子、桌子都很精美,若不是億萬富翁
根本就搭不起。就這層意義而言,它可謂是巨人機
進化的特異點。我一直很想畫畫看這型飛機,但到
最近才終於取得參考書籍。由於我真的非常喜歡
它,因此敬請期待今後的連載。

第三章

第二次世界大戰後～現代

CHAPTER 3
POST WW2 ~ CURRENT TIME

NORTHROP YB-35 FLYING WING

諾斯洛普 YB-35 飛翼式

美利堅合眾國
1946年
刊載於 Scale Aviation 2021年5月號

SPECIFICATION	
全長	16.18 m
翼展	52.43 m
全高	6.2 m
空重	4萬590 kg
最大起飛重量	8萬1648 kg
最大速度	629 km/h
最大航程	1萬2100 km
乘員	9人
發動機	P&WR-4360（3000 hp）×4
武裝	12.7 mm機槍×20／炸彈2萬3678 kg

YB-35

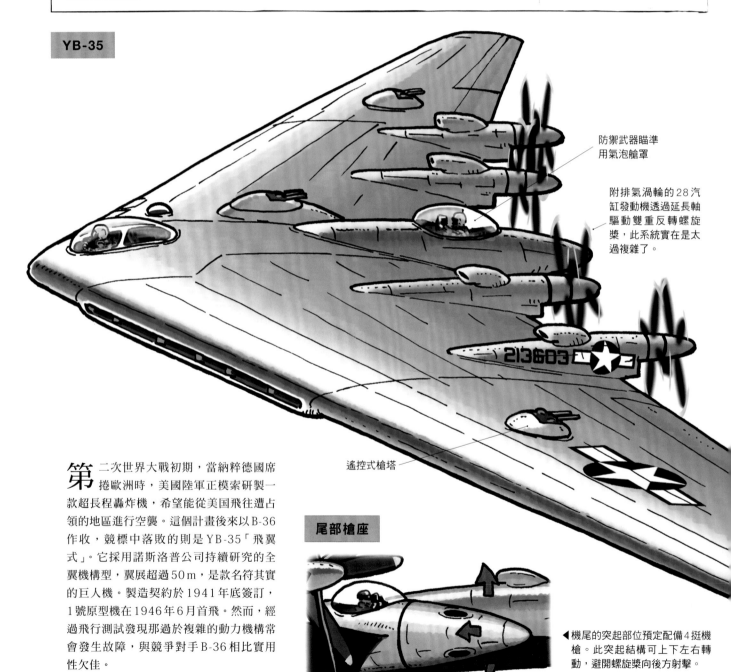

防禦武器瞄準
用氣泡艙罩

附排氣渦輪的28汽
缸發動機透過延長軸
驅動雙重反轉螺旋
槳，此系統實在是太
過複雜了。

遙控式槍塔

第二次世界大戰初期，當納粹德國席捲歐洲時，美國陸軍正摸索研製一款超長程轟炸機，希望能從美国飛往遭占領的地區進行空襲。這個計畫後來以B-36作收，競標中落敗的則是YB-35「飛翼式」。它採用諾斯洛普公司持續研究的全翼機構型，翼展超過50 m，是款名符其實的巨人機。製造契約於1941年底簽訂，1號原型機在1946年6月首飛。然而，經過飛行測試發現那過於複雜的動力機構常會發生故障，與競爭對手B-36相比實用性欠佳。

尾部槍座

◀機尾的突起部位預定配備4挺機槍。此突起結構可上下左右轉動，避開螺旋槳向後方射擊。

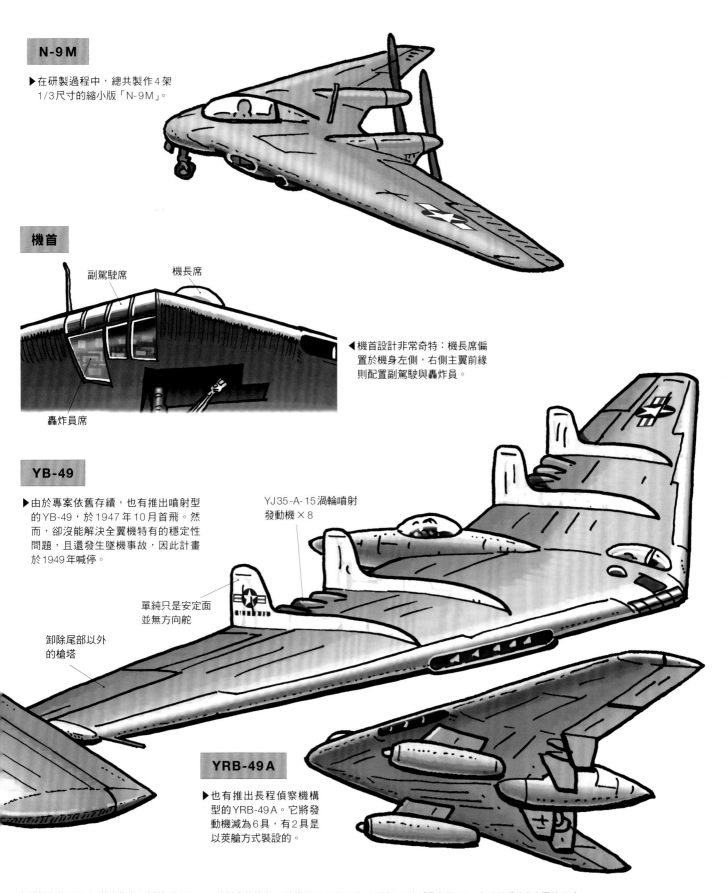

N-9M

▶在研製過程中，總共製作4架
1/3尺寸的縮小版「N-9M」。

機首

副駕駛席　　機長席

轟炸員席

◀機首設計非常奇特：機長席偏
置於機身左側，右側主翼前緣
則配置副駕駛與轟炸員。

YB-49

▶由於專案依舊存續，也有推出噴射型
的YB-49，於1947年10月首飛。然
而，卻沒能解決全翼機特有的穩定性
問題，且還發生墜機事故，因此計畫
於1949年喊停。

YJ35-A-15渦輪噴射
發動機×8

單純只是安定面
並無方向舵

卸除尾部以外
的槍塔

YRB-49A

▶也有推出長程偵察機構
型的YRB-49A。它將發
動機減為6具，有2具是
以莢艙方式裝設的。

諾斯洛普 YB-35 的小故事：噴射版的YB-49一直被事故纏身。2號機於1948年6月5日墜毀，5名乘員全數死亡，知名的愛德華空軍基地
就是以殉職於這場事故的葛蘭‧E‧愛德華上尉命名的。另外，1號機也於1950年3月15日在地面高速滑行時折斷前起落架，造成飛機重
損。當專案中止近60年後的2019年4月22日，1架動態保存的N-9M驗證機也墜毀，造成1名飛行員死亡。

HUGHES H-4 HERCULES
休斯 H-4 大力神式

美利堅合眾國
1947年
刊載於 Scale Aviation 2020年5月號

SPECIFICATION

全長：66.65m
翼展：97.82m
全高：24.18m
空重：11萬3398kg
最大起飛重量：18萬1500kg
最大速度：378km/h
最大航程：4827km
乘員：3人
發動機：P&WR-4360-4A（4000hp）×8

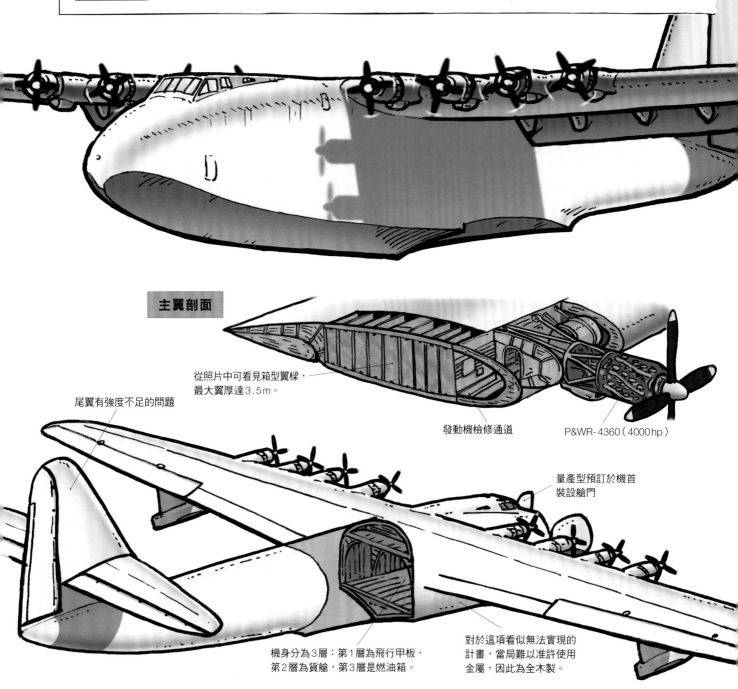

主翼剖面

從照片中可看見箱型翼樑，
最大翼厚達3.5m。

發動機檢修通道

P&WR-4360（4000hp）

尾翼有強度不足的問題

量產型預訂於機首
裝設艙門

機身分為3層：第1層為飛行甲板，
第2層為貨艙，第3層是燃油箱。

對於這項看似無法實現的
計畫，當局難以准許使用
金屬，因此為全木製。

H-4 大力神式的小故事：想出H-4的人是亨利·凱薩，他以船段組合工法造船而聞名，知名的「自由輪」也是由他提案的（不過他於1944年退出計畫）。至於H-4，它的暱稱雲杉鵝（Spruce Goose），這應該比較出名。雖然很多資料都說它是以雲杉製作，但實際使用的多是樺木，僅有部份是雲杉。「Spruce」這個字還有「時髦」的意思，因此，命名意象應為「時髦鵝」。這對於俊美的休斯而言真是再適合不過了，但聽說休斯稱它為飛行艇。

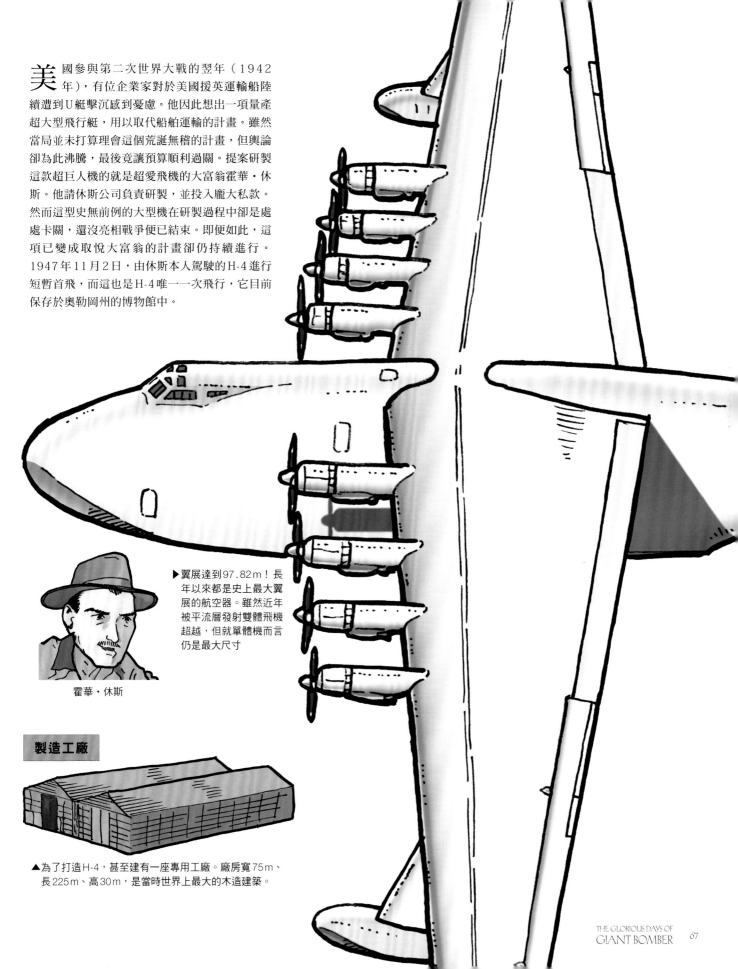

美國參與第二次世界大戰的翌年（1942年），有位企業家對於美國援英運輸船陸續遭到U艇擊沉感到憂慮。他因此想出一項量產超大型飛行艇，用以取代船舶運輸的計畫。雖然當局並未打算理會這個荒誕無稽的計畫，但輿論卻為此沸騰，最後竟讓預算順利過關。提案研製這款超巨人機的就是超愛飛機的大富翁霍華・休斯。他請休斯公司負責研製，並投入龐大私款。然而這型史無前例的大型機在研製過程中卻是處處卡關，還沒亮相戰爭便已結束。即便如此，這項已變成取悅大富翁的計畫卻仍持續進行。1947年11月2日，由休斯本人駕駛的H-4進行短暫首飛，而這也是H-4唯一一次飛行，它目前保存於奧勒岡州的博物館中。

霍華・休斯

▶翼展達到97.82m！長年以來都是史上最大翼展的航空器。雖然近年被平流層發射雙體飛機超越，但就單體機而言仍是最大尺寸

製造工廠

▲為了打造H-4，甚至建有一座專用工廠。廠房寬75m、長225m、高30m，是當時世界上最大的木造建築。

CONVAIR XC-99

康維爾 XC-99

美利堅合眾國
1947年
刊載於 Scale Aviation 2015年9月號

SPECIFICATION

全長：55.6m
翼展：70.1m
全高：17.5m
空重：6萬1340kg
最大起飛重量：12萬202kg
最大速度：494km/h
最大航程：1萬3000km
乘員：5人／士兵：400人
發動機：P&W R-4360（3500hp）× 6

眾所皆知，康維爾 B-36 和平締造者式是史上最大的往復發動機式轟炸機，而 XC-99 則是以這款巨人機為基礎發展而成的。它可搭載 400 名士兵或 45t 貨物，最大航程超過 1 萬 2000km，1947 年首飛時是世界最大的陸上機。這種發想頗為合理，若沿用 B-36 的架構，就只需重新設計機身，在研製與維護管理上也會比較輕鬆。簡單來說，這就是以 B-29 為基礎發展出 C-97 的 B-36 版本。當機體完成後，由於主翼樑會穿過下層機艙導致酬載貨物無法前後移動。因為沒有配備裝載斜板，只能靠機身內的吊車將貨物運入機內，即便酬載量很大，但真要用起來恐怕沒那麼方便。它最後並未量產，僅製造 1 架原型機。不過，這架原型機在計畫中止後仍持續作為運輸機使用，直到 1957 年才除役。

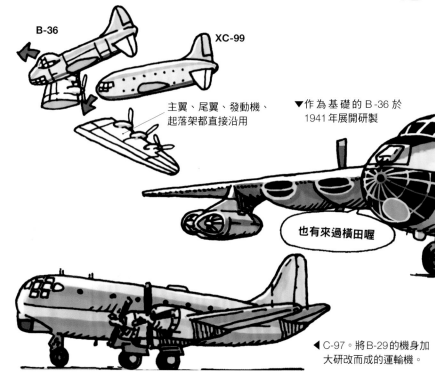

B-36

XC-99

主翼、尾翼、發動機、起落架都直接沿用

▼作為基礎的 B-36 於 1941 年展開研製

也有來過橫田喔

◀C-97。將 B-29 的機身加大研改而成的運輸機。

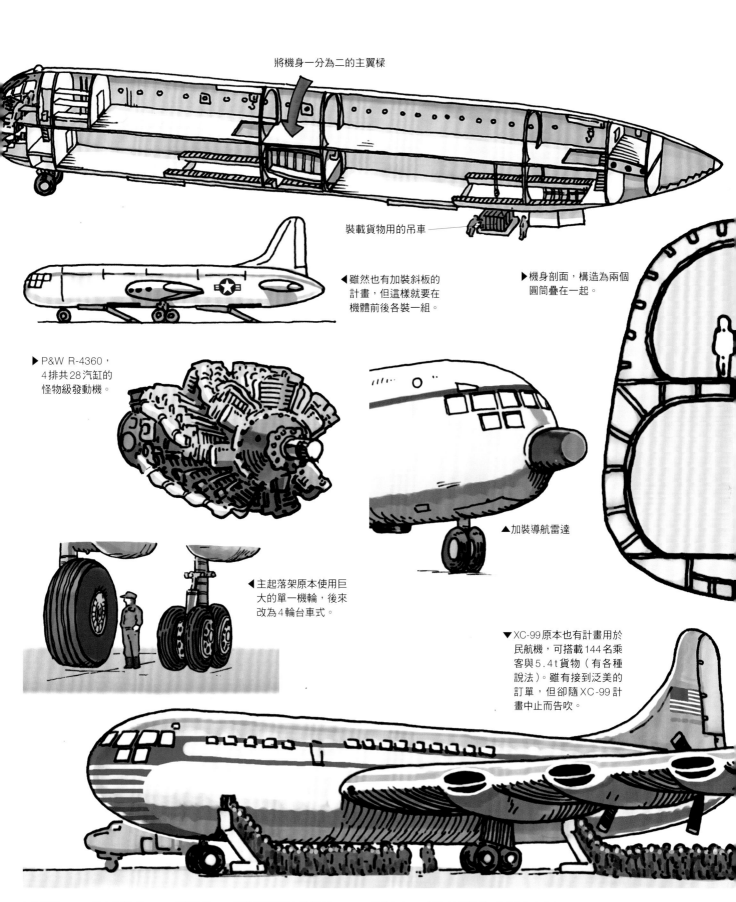

將機身一分為二的主翼樑

裝載貨物用的吊車

◀雖然也有加裝斜板的計畫，但這樣就要在機體前後各裝一組。

▶機身剖面，構造為兩個圓筒疊在一起。

▶P&W R-4360，4排共28汽缸的怪物級發動機。

▲加裝導航雷達

◀主起落架原本使用巨大的單一機輪，後來改為4輪台車式。

▼XC-99原本也有計畫用於民航機，可搭載144名乘客與5.4t貨物（有各種說法）。雖有接到泛美的訂單，但卻隨XC-99計畫中止而告吹。

康維爾 XC-99 的小故事：像 XC-99 這樣沿用 B-36 設計的機型還有另外兩款，YB-60 是其中之一。它變更主翼設計，意圖完全改成噴射機，用以接替 B-36，但卻敗給 B-52。若硬要說有另一款，那就是 NB-36 H。它是為了將來研製核動力飛機而打造的實驗機，於後部炸彈艙搭載小型核反應爐，在大約 90 小時的飛行途中啟動反應爐（並非真的以核動力飛行）。好在它沒有發生事故，核動力飛機的構想也於 1961 年中止。

BRISTOL BRABAZON
布里斯托 布拉巴宗

英國
1949年
刊載於 Scale Aviation 2015年11月號

SPECIFICATION

全長：53.95m
翼展：70.1m
全高：15.24m
空重：6萬5816kg
最大起飛重量：13萬1542kg
最大速度：482km/h
最大航程：8800km
乘員：12人／乘客：100人
發動機：布里斯托・半人馬（2650hp）×8

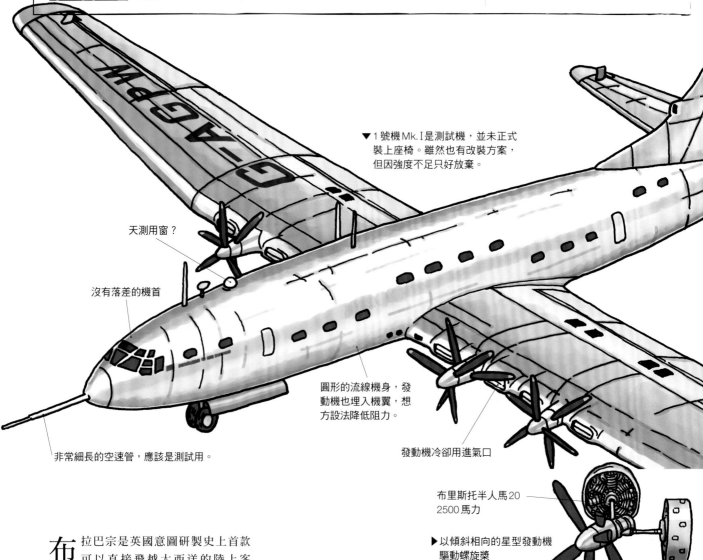

▼1號機Mk.I是測試機，並未正式
裝上座椅。雖然也有改裝方案，
但因強度不足只好放棄。

天測用窗？

沒有落差的機首

非常細長的空速管，應該是測試用。

圓形的流線機身，發
動機也埋入機翼，想
方設法降低阻力。

發動機冷卻用進氣口

布里斯托半人馬20
2500馬力

▶以傾斜相向的星型發動機
驅動螺旋槳

◀源頭來自布里斯托公司的100t
轟炸機構想。發動機以2具為
1組，總共有8具。採用推進
式螺旋槳，尾翼為V型。

布拉巴宗是英國意圖研製史上首款
可以直接飛越大西洋的陸上客
機。設計工作始於1943年，1號機Mk.I
於1948年完成，翌年首飛。巨大的機
身備有加壓客艙，理應能在戰後從美製
機型手中奪回將大西洋航線。但由於研
製經費過於高昂，基於經濟上的理由於
1953年停止發展。

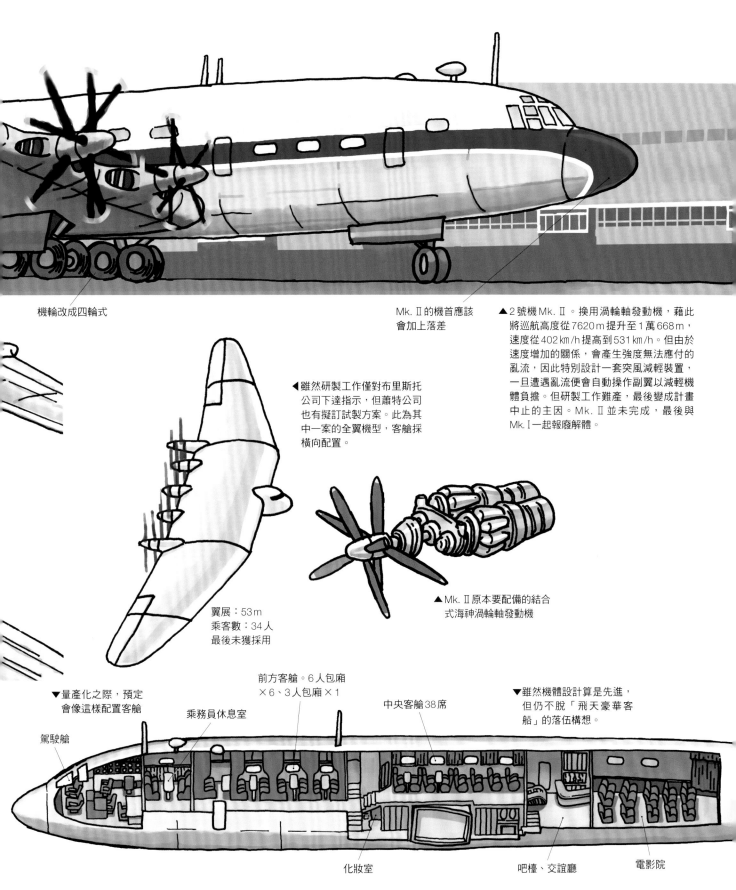

機輪改成四輪式

Mk. II 的機首應該
會加上落差

▲ 2 號機 Mk. II。換用渦輪軸發動機，藉此
將巡航高度從7620 m 提升至 1 萬 668 m，
速度從 402 km/h 提高到 531 km/h。但由於
速度增加的關係，會產生強度無法應付的
亂流，因此特別設計一套突風減輕裝置，
一旦遭遇亂流便會自動操作副翼以減輕機
體負擔。但研製工作難產，最後變成計畫
中止的主因。Mk. II 並未完成，最後與
Mk. I 一起報廢解體。

◀ 雖然研製工作僅對布里斯托
公司下達指示，但蕭特公司
也有擬訂試製方案。此為其
中一案的全翼機型，客艙採
橫向配置。

翼展：53m
乘客數：34 人
最後未獲採用

▲ Mk. II 原本要配備的結合
式海神渦輪軸發動機

▼ 量產化之際，預定
會像這樣配置客艙

乘務員休息室

前方客艙。6 人包廂
×6、3 人包廂×1

中央客艙38 席

▼ 雖然機體設計算是先進，
但仍不脫「飛天豪華客
船」的落伍構想。

駕駛艙

化妝室

吧檯、交誼廳

電影院

布拉巴宗的小故事：除了蕭特公司之外，邁爾斯公司也對此計畫抱有想法。他們提出的構想為X11，有8具發動機、4副螺旋槳，機身
比布拉巴宗小，配備層流翼，巡航速度為 433 km/h，可搭載31名乘客。就技術而言其實還挺實際的，但政府為了讓邁爾斯公司放棄
參與此案，改讓他們去發展超音速飛機。後來雖有著手研製實驗機 M.52，但預算卻被戰後的工黨政權削減，導致計畫中止。

DOUGLAS C-124 GLOBEMASTER II
道格拉斯 C-124 全球霸王式 II

美利堅合眾國
1949年
刊載於 Scale Aviation 2017年1月號

SPECIFICATION

全長：39.77m
翼展：53.1m
全高：14.72m
空重：4萬5888kg
最大起飛重量：8萬8224kg
最大速度：481km/h
最大航程：6500km
乘員：7人
發動機：P&W R-4360（3800hp）×4

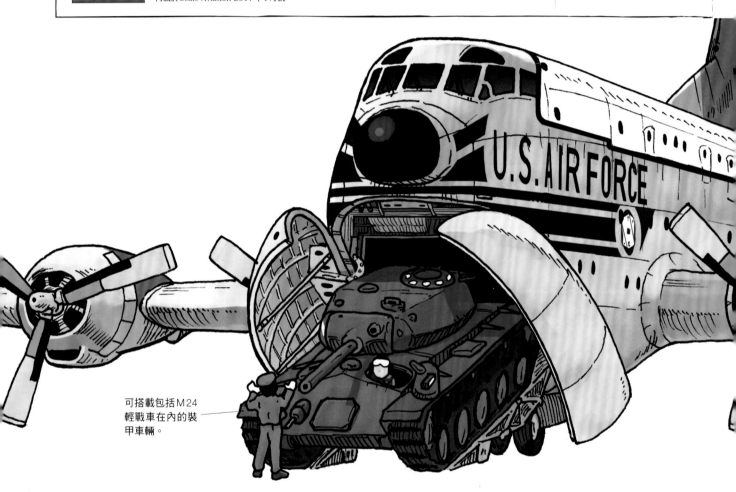

可搭載包括M24
輕戰車在內的裝
甲車輛。

次大戰期間，道格拉斯公司研製的
C-74備有4具3500馬力發動機，
最大起飛重量達到75t，是款巨人運輸
機。該型機因為戰爭結束的關係，只有少
量生產，但卻在柏林大空運中展現長才，
讓美國空軍再度見識到大型運輸機的有效
性。C-74因此決定進行修改，以發展出
新型運輸機，最後便做出C-124。它從
1951年開始服役，從韓戰到越戰都擔綱
美國空軍的主力運輸機。

▼C-124的前身為C-74。沿用機翼設計，
加裝貨物艙門與裝載斜板。

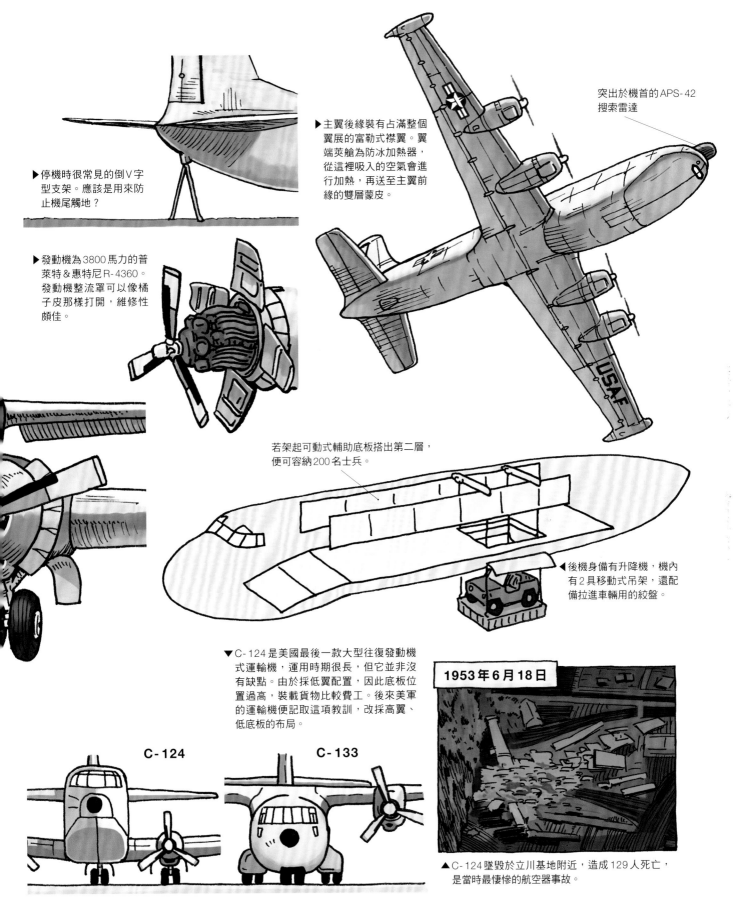

▶停機時很常見的倒V字型支架。應該是用來防止機尾觸地？

▶發動機為3800馬力的普萊特＆惠特尼R-4360。發動機整流罩可以像橘子皮那樣打開，維修性頗佳。

▶主翼後緣裝有占滿整個翼展的富勒式襟翼。翼端萊艙為防冰加熱器，從這裡吸入的空氣會進行加熱，再送至主翼前緣的雙層蒙皮。

突出於機首的APS-42搜索雷達

若架起可動式輔助底板搭出第二層，便可容納200名士兵。

◀後機身備有升降機，機內有2具移動式吊架，還配備拉進車輛用的絞盤。

▼C-124是美國最後一款大型往復發動機式運輸機，運用時期很長，但它並非沒有缺點。由於採低翼配置，因此底板位置過高，裝載貨物比較費工。後來美軍的運輸機便記取這項教訓，改採高翼、低底板的布局。

C-124

C-133

1953年6月18日

▲C-124墜毀於立川基地附近，造成129人死亡，是當時最慘的航空器事故。

C-124 的小故事：C-124 的衍生型，包括換用渦輪軸發動機的YC-124 B。它使用5500馬力的YT-34 -P-1，性能大幅提升，但由於軍方比較想要低底板型的運輸機，因此未獲採用。除此之外，還有讓 C-124 換成渦輪軸發動機，並重新設計雙層機身、改成高翼配置，幾乎改頭換面的C-132，但由於太耗預算而喊停，改為採用較小型的 C-133。

SAUNDERS-ROE PRINCESS

桑德斯・羅 公主式

英國
1952年
刊載於 Scale Aviation 2018年11月號

SPECIFICATION

全長：45.3m
翼展：66.9m
全高：17m
空重：8萬6183kg
最大起飛重量：15萬6501kg
最大速度：612km/h
最大航程：9210km
乘員：6名／乘客105人
發動機：布里斯托・海神610（5000hp）×4
／布里斯托・海神620（2500hp）×2

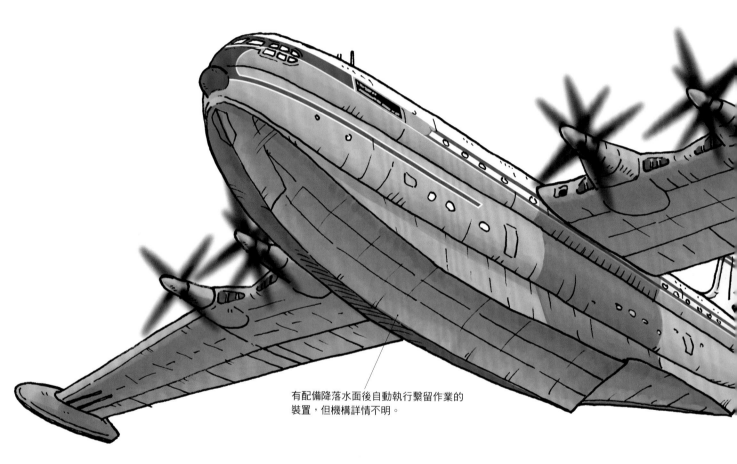

有配備降落水面後自動執行繫留作業的
裝置，但機構詳情不明。

為 了發展帝國系列飛行艇的後繼機，桑德斯・羅公司著手研製飛越大西洋的大型飛行艇。設計從二次大戰前便已展開，1945年初完成設計圖。翼展達67m，有雙層客艙，是空前絕後的超大型飛行艇，取名為公主式，於1952年8月22日首飛。進入1950年代後，許多主要城市都已建成可以操作4發陸上機的機場，因此當公主式還在首飛階段，大型載客飛行艇便已落後於時代了。最後連英國海外航空都沒下訂單，1953年後只能包上塑膠膜封存。後來雖然數度提出修改、重啟，但都未能實現。1965～67年之間所有機體皆被報廢。總共製造3架，只有1架曾實際飛行。

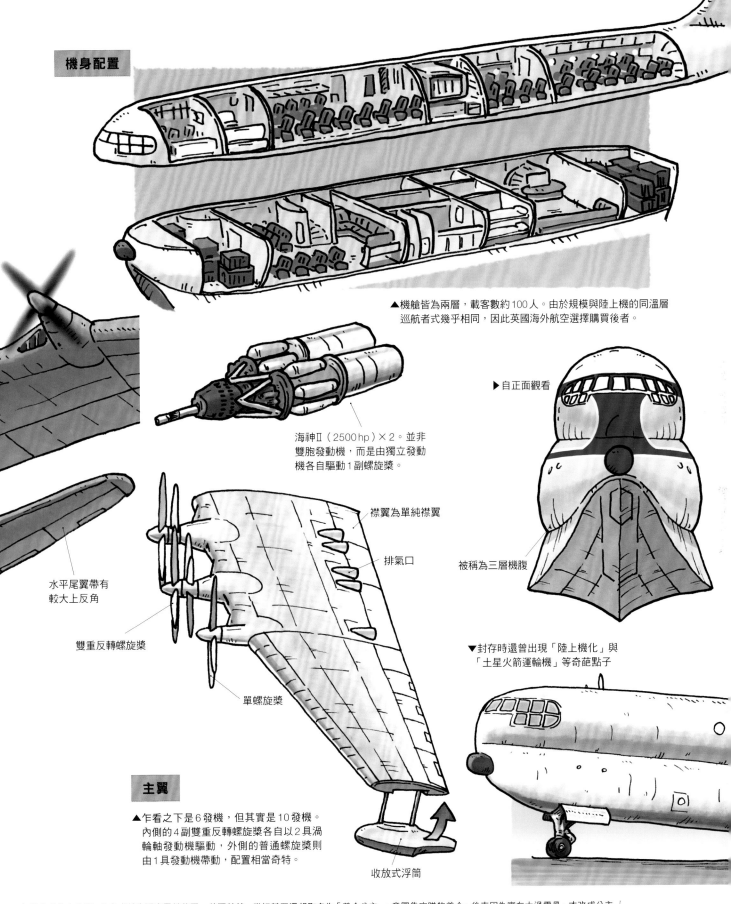

機身配置

▲機艙皆為兩層，載客數約100人。由於規模與陸上機的同溫層巡航者式幾乎相同，因此英國海外航空選擇購買後者。

海神Ⅱ（2500hp）×2。並非雙胞發動機，而是由獨立發動機各自驅動1副螺旋槳。

▶自正面觀看

襟翼為單純襟翼

排氣口

被稱為三層機腹

水平尾翼帶有較大上反角

雙重反轉螺旋槳

單螺旋槳

▼封存時還曾出現「陸上機化」與「土星火箭運輸機」等奇葩點子

主翼

▲乍看之下是6發機，但其實是10發機。內側的4副雙重反轉螺旋槳各自以2具渦輪軸發動機驅動，外側的普通螺旋槳則由1具發動機帶動，配置相當奇特。

收放式浮筒

公主式的小故事：公主式首先預定用於英國～美國航線，當初甚至還想取名為「美金公主」，意圖靠它賺飽美金。後來因為實在太過露骨，才改成公主式。使用的布里斯托海神Ⅱ發動機按照計畫應該要能發揮3500hp，但實際上只能擠出2500hp，在首飛階段原本期待的海神Ⅲ也無望投入實用。雖然桑德斯・羅意圖以換裝5000hp的布里斯托獵戶座發動機來重啟計畫，但最後該款發動機也沒能成功開發出來。

75

CONVAIR NB-36H

康維爾 NB-36H

美利堅合眾國
1955年
刊載於 Scale Aviation 2020年11月號

SPECIFICATION

全長：49.38m
翼展：70.1m
全高：14.23m
空重：10萬2272kg
最大起飛重量：16萬2305kg
最大速度：676km/h
乘員：5人
發動機：GE J47（23.1kN）×4／P&W R-4360（3800hp）×6

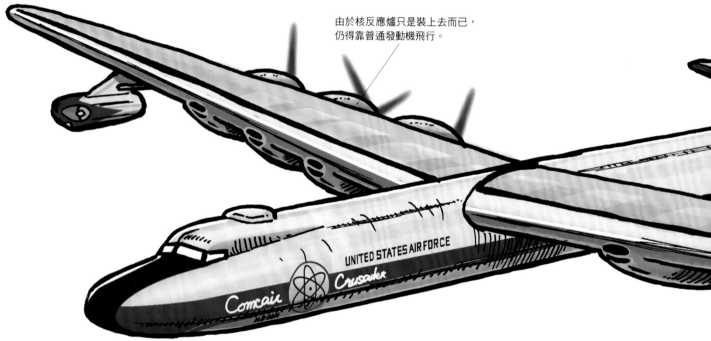

由於核反應爐只是裝上去而已，
仍得靠普通發動機飛行。

▲機體尺寸與B-36H相同（翼展：70.1m），
但全長與重量可能有增加。搭載1具功率
1兆瓦的實驗用核反應爐。

正常的機首

戰爭剛結束的1946年，美國便野心勃勃地著手研製核動力轟炸機。由於核動力飛機理論上可以擁有無限航程，就轟炸機而言算是頗為理想。1951年，當時具備最大酬載量的B-36H被改造成實驗機NB-36H，它在炸彈艙裝入核反應爐和相關的儀器，駕駛艙也改成有放射線擋板保護的膠囊型。實驗機於1955年9月17日首飛，一直反覆測試到1957年3月。與此並行的計畫則是堪稱進化版的X-6，它才是真正的「核動力飛機」。恐怖的是，它在飛行時會從發動機排氣口噴出放射線，幸好並未實際製造。1961年，所有核動力飛機的研製計畫都喊停，核動力飛機之夢自此告吹。

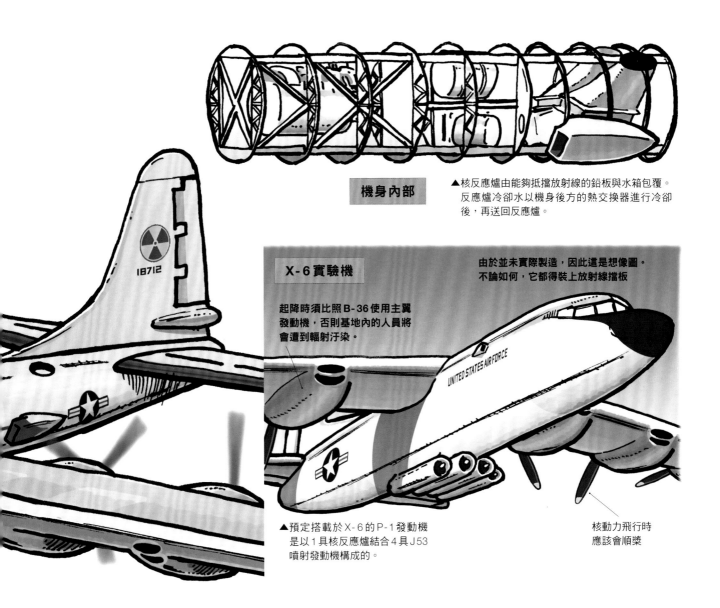

機身內部

▲核反應爐由能夠抵擋放射線的鉛板與水箱包覆。反應爐冷卻水以機身後方的熱交換器進行冷卻後，再送回反應爐。

X-6實驗機

由於並未實際製造，因此這是想像圖。不論如何，它都得裝上放射線擋板

起降時須比照B-36使用主翼發動機，否則基地內的人員將會遭到輻射汙染。

UNITED STATES AIR FORCE

▲預定搭載於X-6的P-1發動機是以1具核反應爐結合4具J53噴射發動機構成的。

核動力飛行時應該會順槳

防放射線駕駛艙

▼駕駛艙會以鉛和含鉛玻璃嚴加防護。根據照片顯示，它應該能輕易自機身拆卸。

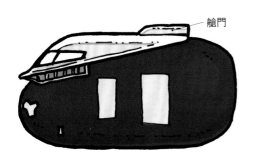

艙門

P-1發動機

▼吸入的空氣會由渦輪壓縮，透過核反應爐加熱，再將膨張的空氣（與放射線）從排氣口噴出。

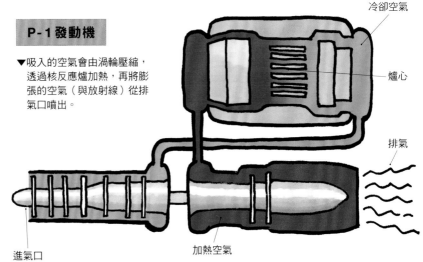

冷卻空氣

爐心

排氣

進氣口

加熱空氣

康維爾 NB-36H 的小故事： NB-36H的「N」並非指「核能」，而是代表恆久實驗機。在計畫早期階段稱為XB-36H。雖然也取了十字軍這個暱稱，但不知道是軍方的正式命名還是康維爾公司自行取的綽號。儘管沒有特別說明，但一連串核動力飛機的製造計畫之所以會喊停，最主要理由還是因為過於危險。像X-6那種會噴出放射線的發動機，不只飛行員可能會接觸到放射線，萬一飛機墜落，甚至會演變成嚴重的核子事故。

AERO SPACELINES GUPPY

航太運輸 孔雀魚式

美利堅合眾國
1962年
刊載於 Scale Aviation 2019年9月號

SPECIFICATION

全長：38.7m
翼展：43.05m
全高：11.66m
空重：4萬1275kg
最大起飛重量：6萬3945kg
最大速度：590km/h
乘員：3人
發動機：P＆W R-4360-B6（3500hp）×4

19 50年代結束時，推動阿波羅計畫的 NASA 面臨一個很大的問題；由於發射用的土星火箭實在太過巨大，要從加州的工廠運送至佛羅里達州的發射場，必須得經由巴拿馬運河以海路運輸才行。1960年，航空器仲介人 L·曼斯多夫與飛行員 G·康羅伊提出一個劃時代的解決方案：改造波音377，推出一款具備超巨大貨艙的專用運輸機。但由於 NASA 對這項計畫抱持疑問，因此早期研製經費必須由康羅伊自行負擔。

由於它那頗具特色的外觀，因此被取名為「抱卵孔雀魚」，以泛美航空機改造的1號機於1962年9月首飛。至於抱卵孔雀魚的擴大版則稱為超級孔雀魚，它將機身、主翼延長，並換裝渦輪軸發動機，1965年8月首飛。後來又追加生產4架構型幾乎相同的機體，由空中巴士用於工廠間的空運。其中3架已經退役，但4號機賣給了 NASA，直到2010年代仍在飛行。附帶一提，作為原型的 B377，追本溯源的話其實是來自 B-29。

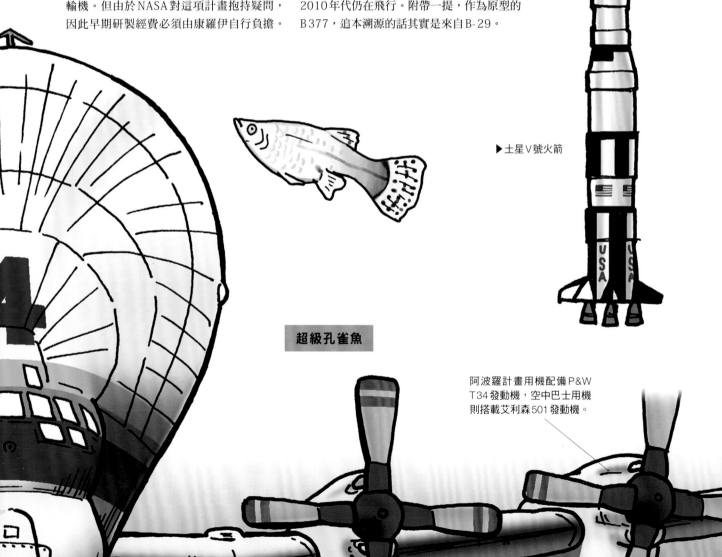

▶土星 V 號火箭

超級孔雀魚

阿波羅計畫用機配備 P＆W T34 發動機，空中巴士用機則搭載艾利森501發動機。

抱卵孔雀魚

機身內徑為6.02m！

尾翼加裝背鰭

Aero Spacelines

於主翼後方插入別的B377機身以延伸全長

為了避免碰觸機身，內側螺旋槳的槳葉較短。

迷你孔雀魚

ERICKSON AIR CRANE

▲迷你孔雀魚是抱卵孔雀魚的縮小版，與原型一樣採用往復式發動機，另有製造2架使用渦輪軸發動機的機型（後者後來墜毀），服役於民間航空公司。

裝載貨物的方法

▼抱卵孔雀魚

▼超級孔雀魚

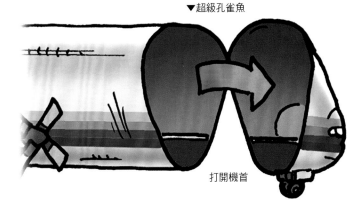

Aero Sp...acelines

分離機身

打開機首

孔雀魚的小故事： 超級孔雀魚有1架用於阿波羅計畫、4架用於空中巴士，兩者其實有些許差異。阿波羅用機的發動機轉用自C-97的渦輪軸型原型機，使用3葉螺旋槳，機身剖面在下機身與上機接合處有凹陷。空中巴士用機則使用P-3C的發動機短艙搭配4葉螺旋槳，機身剖面也呈平滑狀，並無凹陷。孔雀魚的研製者J‧康羅伊還操刀過另一款改造運輸機，那就是CL-44-0飛天怪獸。它改造自卡那迪亞的CL-44，機身改裝為圓形剖面的貨艙，原本的側開式機尾則保留，用來運送洛克希德L-1011的發動機。

NORTH AMERICAN XB-70 VALKYRIE

北美 XB-70 女武神式

美利堅合眾國
1964年
刊載於 Scale Aviation 2019年1月號

SPECIFICATION

全長：56.39m
翼展：32m
全高：9.14m
空重：11萬5031kg
最大起飛重量：24萬5847kg
最大速度：M3.1（3310km/h）
最大航程：6900km
乘員：2人
發動機：GE YJ93（89～128kN）×6
武裝酬載量：2萬9480kg

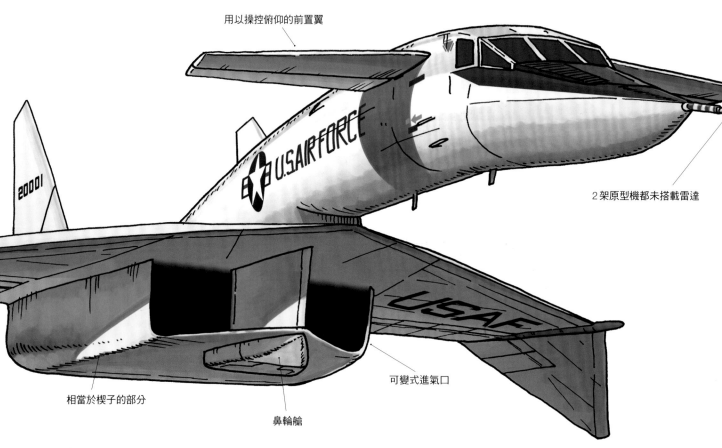

用以操控俯仰的前置翼

2架原型機都未搭載雷達

相當於楔子的部分

鼻輪艙

可變式進氣口

▲為了增加超音速時的穩定性，外翼可向下折。

19 54年，美國戰略空軍司令部發表B-52轟炸機的後繼機型規格。它的酬載量與最大航程必須比照B-52，但卻得具備高速，由於這已超越當時的技術水準導致計畫窒礙難行。但若應用NACA（NASA的前身）想出的「壓縮升力」原理，應該可以讓速度超過3馬赫，北美公司以此提出的方案於1957年12月接單試製。1號機完成於1964年

5月，9月21日首飛，翌年10月成功達到3馬赫。但2號機卻於1966年6月8日在加州因空中相撞而墜毀，國防部也決定以增加彈道飛彈的方式取代XB-70，因此本型機再也無望以轟炸機的形式服役了。剩下的1號機後來移交給NASA，從事超音速飛行研究，於1969年2月進行最後一次飛行，目前展示於俄亥俄州的空軍博物館。

發動機

▶ 發動機搭載6具GE的 YJ93-3（最大推力 128kn）。這是當時最 強的發動機，燃油也 是專用的JP-6。

壓縮升力

在三角翼的下面裝上楔子，就能壓縮震 波、增進飛行效率。據說這是工程師在 庭院割草時靈光一閃想出來的。

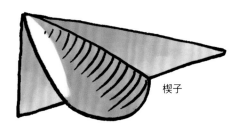

楔子

逃生艙

為了能在超音速狀態下 逃生，駕駛座可以變成 密閉艙室，緊急時可以 整個艙室脫離飛機。

▲正常時

▲緊急時

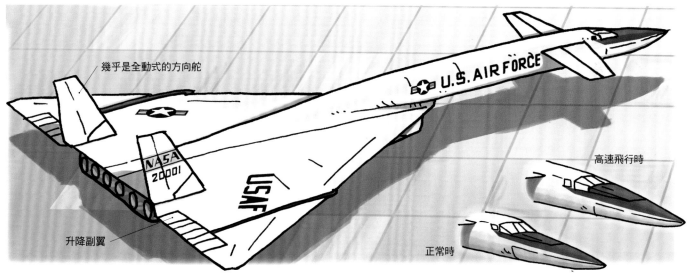

幾乎是全動式的方向舵

升降副翼

高速飛行時

正常時

▲與協和號一樣，機首為可變式。

空中相撞　因相撞導致垂直尾翼全毀而失控

◀ 1966年的空中相撞事故，發生於 發動機廠商為拍攝宣傳照片而進行 的編隊飛行。這起事故造成XB-70 的副駕駛與和它相撞的F-104飛行 員殉職。

XB-70的小故事： 雖然XB-70只有製造2架，但仍有幾款衍生型。其中之一為空中加油機型，這是配合轟炸機型進行「超音速空中加 油」的偉哉發想。另外，當它沒有希望成為轟炸機使用後，也有人認為它能以戰略偵察機的形式繼續發展。但由於洛克希德公司已在研 發SR-71，因此未能實現。除此之外，北美公司也曾提案將它改造成超音速客機，因事故喪失的2號機有考慮在移交給NASA後加裝可 供36～76人乘坐的客艙。

EKRANOPLAN KM

裏海怪物 KM

蘇聯
1966年
刊載於 Scale Aviation 2021年3月號

SPECIFICATION

全長：92m
翼展：37.6m
全高：21.8m
空重：24萬kg
最大起飛重量：54萬4000kg
最大速度：500km/h
最大航程：1500km
乘員：5人
發動機：多勃雷寧VD-7（127kN）×10

從1960年代開始，蘇聯便著手發展翼地效應機（也就是所謂的裏海怪物）。1963年開始研製的KM便是其中之一，和其他比較小型的原型機不同，它十分巨大。其全長92m，飛行重量達到544t，完成時是世界最大的飛行載具。1966年10月18日首飛，性能表現良好，因此蘇聯之後也繼續發展大型翼地效應機。由於它是在裏海的基地進行測試的，所以西方陣營稱它為「裏海怪物」。KM在之後15年持續進行測試，1980年因人為疏失發生事故而喪失。

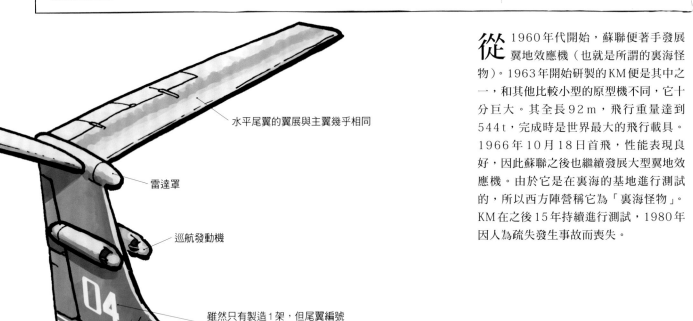

水平尾翼的翼展與主翼幾乎相同

雷達罩

巡航發動機

雖然只有製造1架，但尾翼編號卻時常變更。

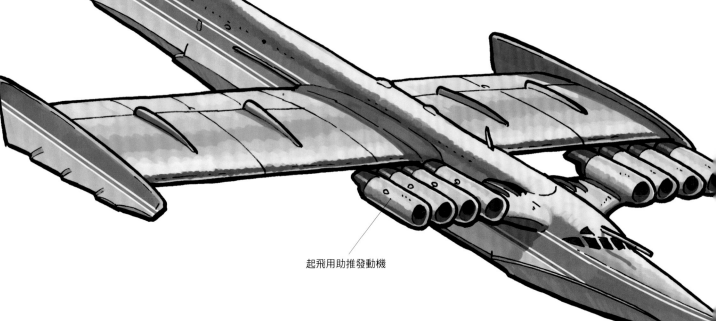

起飛用助推發動機

▶意外靈活，操作性也不錯，讓單邊機翼浮筒碰觸水面還可以急轉彎。

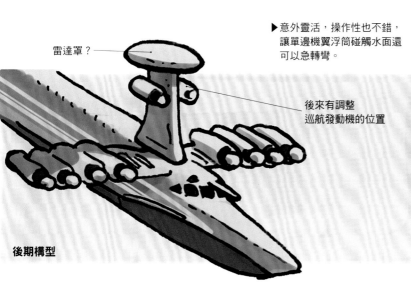

雷達罩？

後來有調整巡航發動機的位置

後期構型

①在飛行員長時間無操縱下持續飛行時，機首開始上揚，導致機體上升。
②飛行員專注於操作油門與升降舵。
③機體向左傾斜碰撞水面。

1980年的墜機事故

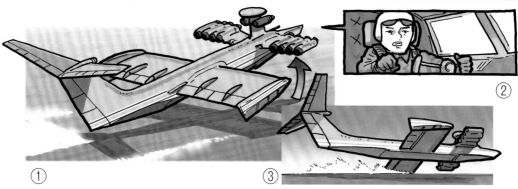

①

②

③

何謂翼地效應？

所謂翼地效應指的是飛機貼近地面（水面）飛行時產生的現象；機翼與地面之間的空氣會被壓縮，使得升力增加。翼地效應機會利用這種效應進行超低空飛行，不僅省油，且僅需非常短小的主翼。

機翼上下的氣壓差變大時，升力就會增加。

低壓

高壓

機體與水面會將空氣壓縮

兄弟機SM-8

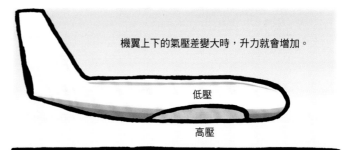

發動機

謎之突起

防止發動機吸入異物的蓋板

應該是翼下發動機用來噴射氣體的噴嘴

另有一款將KM縮小至1/4尺寸的SM-8，於1967年研製，與KM一起進行測試。基本構造與KM相同，但機背有個像煙囪的突起物，駕駛艙兩側的氣體噴嘴詳細結構也充滿謎團。

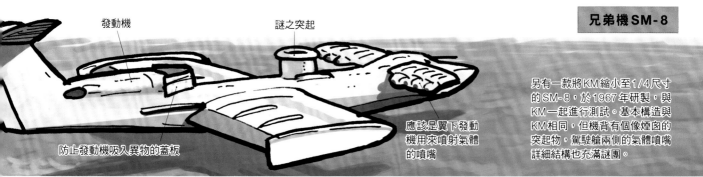

KM的小故事：KM是俄文原型機（直譯則是模型）的簡稱。KM雖然只是純粹的實驗用機型，但之後研製的「鷸」與「小鷹」卻是可以執行反艦攻擊與登陸等任務的實用機。當蘇聯的經濟陷入困境後，計畫變得虎頭蛇尾，但俄羅斯至今仍未停止翼地效應機的研製工作。特別是2000年發表的別里耶夫Be-2500，是款酬載量破天荒達到1000t（世界最大的飛機An-225也只有250t）的超大型機，但僅止於計畫。

Mil Mi-26 HALO
米爾 Mi-26 光暈式

蘇聯
1977年
刊載於 Scale Aviation 2018年7月號

SPECIFICATION

全長：40.03m
旋翼直徑：32m
全高：8.14m
空重：2萬8200kg
最大起飛重量：5萬6000kg
最大速度：295km/h
最大航程：800km
乘員：5人
發動機：羅塔列夫D-136（1萬1400hp）×2
武裝酬載量：2萬kg

主旋翼有8片，直徑達到32m，幾乎與B737或A320的翼展相同。

搭載2具D-136渦輪軸發動機，每具輸出功率為1萬1400馬力。

▶外形設計較為保守，乍看之下不像是巨人機……

應該是為了視野的緣故，駕駛艙側面有凹陷。

機輪為固定式，無法收起。

蘇聯米爾設計局的Mi-26是Mi-6大型運輸直升機的後繼機，性能要求必須超過Mi-6至50～100%。雖然機身尺寸稍微縮小，但酬載量卻增為2倍，可搭載20t貨物或80名全副武裝的士兵。1977年首飛，1985年開始服役，近年又重啟生產。

▲另有內部配備手術室的醫療型、裝有橫排4列座席的載客型，以及具備指揮功能的空中指揮型等。除了CSI諸國以外，也外銷至祕魯、印度、中國等。在中國會用於消防任務。

▲反潛巡邏用的Mi-26 NEF-M在機首加裝雷達罩。似乎只有原型機。

▲空中起重型會在機身側面加裝外突艙室

▲酬載量（以及吊掛能力）達到20t！

▶機身尺寸與川崎C-1幾乎相同，酬載量則是2倍以上。

Mi-26的小故事：Mi-26的總生產數約莫300架，並有多款衍生型，包括軍用標準型Mi-26、改良型Mi-26A、民用型Mi-26T、取得西方適航證明的Mi-26TS、醫療型Mi-26MS、反潛巡邏型Mi-26NEF-M、載客型Mi-26P、空中起重型Mi-26PK與Mi-26TM、消防型Mi-29TP、空中加油機型Mi-26TZ、無線電中繼機（推測）Mi-26PP、性能提升型Mi-26M，以及空中指揮型Mi-27等。另外，Mi-26在2002年8月曾遭車臣分離主義派擊落，該機明顯超載，導致127名士兵死亡。

TUPOLEV Tu-160 BLACKJACK
圖波列夫 Tu-160 黑傑克式

蘇聯
1981年
刊於 Scale Aviation 2017年11月號

SPECIFICATION

全長	54.1m
翼展	35.6～55.7m
全高	13m
空重	11萬kg
最大起飛重量	26萬7600kg
最大速度	2220km/h
最大航程	1萬2300km
乘員	4人
發動機	庫茲涅佐夫NK-32(137kN)×4
武裝酬載量	4萬5000kg

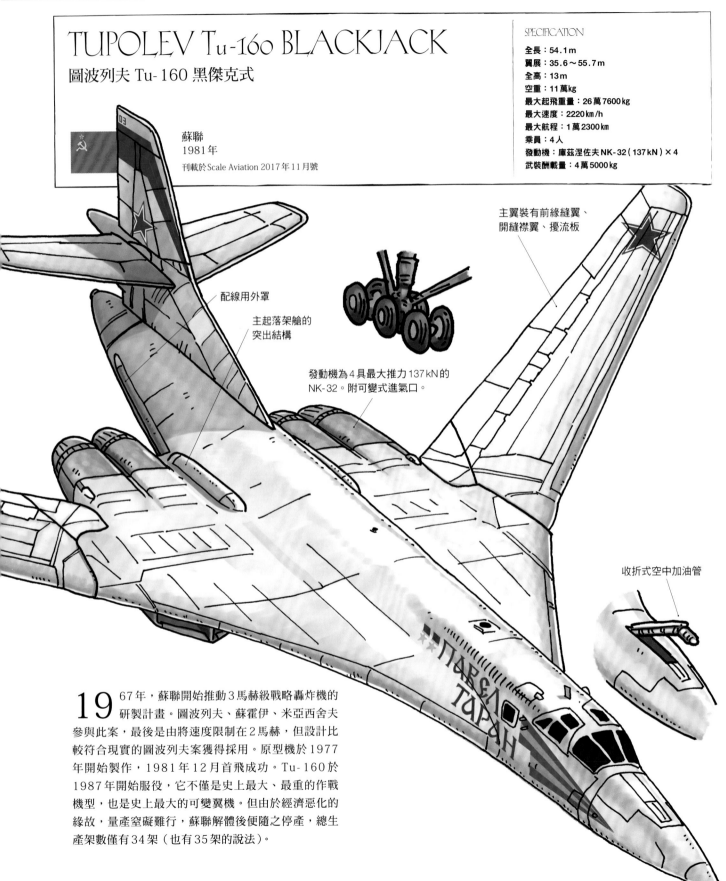

主翼裝有前緣縫翼、開縫襟翼、擾流板

配線用外罩

主起落架艙的突出結構

發動機為4具最大推力137kN的NK-32。附可變式進氣口。

收折式空中加油管

19 67年，蘇聯開始推動3馬赫級戰略轟炸機的研製計畫。圖波列夫、蘇霍伊、米亞西舍夫參與此案，最後是由將速度限制在2馬赫，但設計比較符合現實的圖波列夫案獲得採用。原型機於1977年開始製作，1981年12月首飛成功。Tu-160於1987年開始服役，它不僅是史上最大、最重的作戰機型，也是史上最大的可變翼機。但由於經濟惡化的緣故，量產窒礙難行，蘇聯解體後便隨之停產，總生產架數僅有34架（也有35架的說法）。

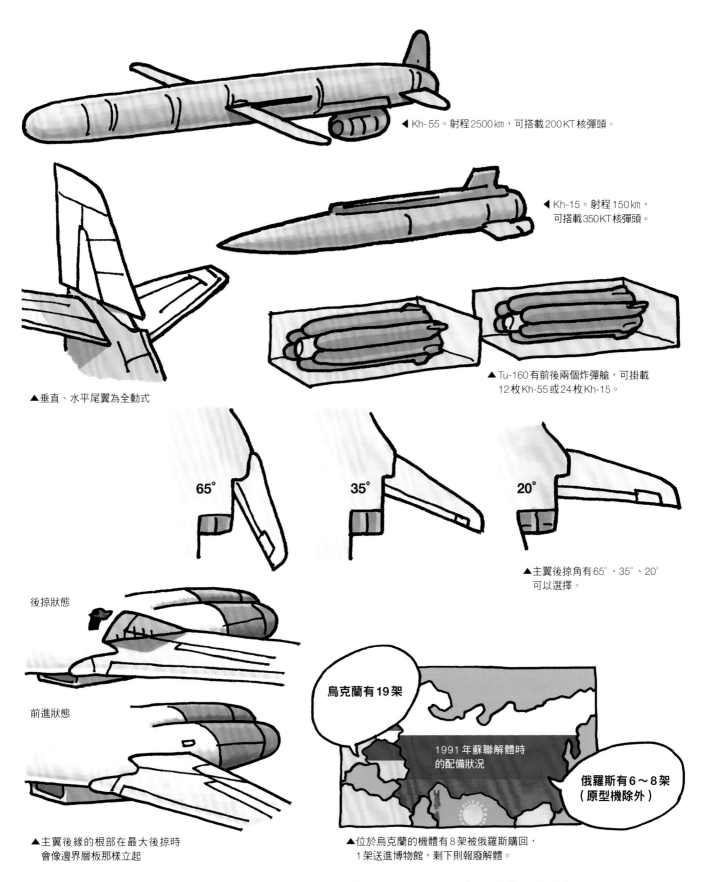

◀ Kh-55。射程2500 km，可搭載200 KT核彈頭。

◀ Kh-15。射程150 km，可搭載350 KT核彈頭。

▲ Tu-160有前後兩個炸彈艙，可掛載12枚Kh-55或24枚Kh-15。

▲ 垂直、水平尾翼為全動式

65° **35°** **20°**

▲ 主翼後掠角有65°、35°、20°可以選擇。

後掠狀態

前進狀態

▲ 主翼後緣的根部在最大後掠時會像邊界層板那樣立起

烏克蘭有19架

1991年蘇聯解體時的配備狀況

俄羅斯有6～8架（原型機除外）

▲ 位於烏克蘭的機體有8架被俄羅斯購回，1架送進博物館，剩下則報廢解體。

Tu-160的小故事：現在俄羅斯空軍使用的Tu-160每架都有專屬機名，插圖畫的「帕維爾‧塔朗」取自二次大戰知名轟炸機飛行員，機名旁邊漆有他曾獲頒的蘇聯英雄金星勳章。其他還有傳說中的英雄伊利亞‧穆羅梅茨、發動機工程師尼古拉‧庫茲涅佐夫等。另外，漆在機首的楔狀條紋則是空軍軍旗。雖然Tu-160的生產工作因蘇聯解體而中止，但據說目前俄羅斯有在計畫追加生產50架以上。

ANTONOV AN-225 MRIYA

安托諾夫 An-225 夢想號

蘇聯
1988年
刊載於 Scale Aviation 2020年3月號

SPECIFICATION

全長：84m
翼展：88.4m
全高：18.2m
空重：28萬5000kg
最大起飛重量：64萬kg
最大速度：850km/h
最大航程：1萬5400km
乘員：6人
發動機：羅塔列夫D-18T（229kN）×6

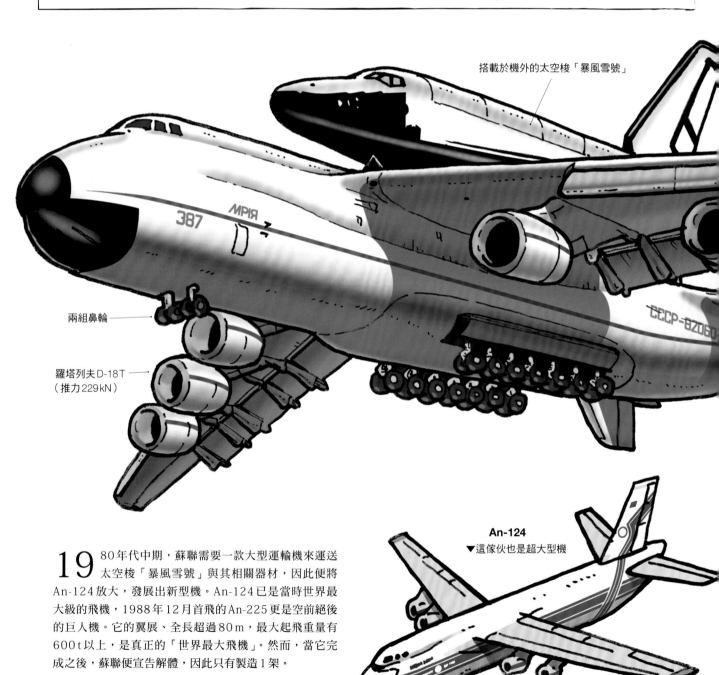

搭載於機外的太空梭「暴風雪號」

兩組鼻輪

羅塔列夫D-18T
（推力229kN）

An-124
▼這傢伙也是超大型機

1980年代中期，蘇聯需要一款大型運輸機來運送太空梭「暴風雪號」與其相關器材，因此便將An-124放大，發展出新型機。An-124已是當時世界最大級的飛機，1988年12月首飛的An-225更是空前絕後的巨人機。它的翼展、全長超過80m，最大起飛重量有600t以上，是真正的「世界最大飛機」。然而，當它完成之後，蘇聯便宣告解體，因此只有製造1架。

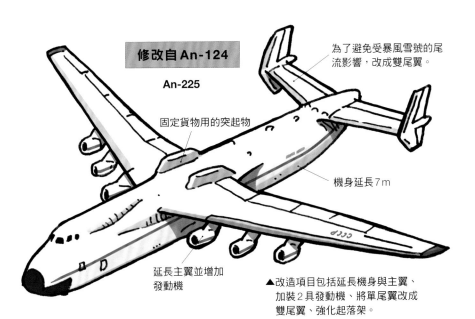

修改自An-124

An-225

固定貨物用的突起物

為了避免受暴風雪號的尾流影響，改成雙尾翼。

機身延長7m

延長主翼並增加發動機

▲改造項目包括延長機身與主翼、加裝2具發動機、將單尾翼改成雙尾翼、強化起落架。

▼由於機背會載重物，因此將An-124重新設計成An-225之際，把尾翼從單尾翼改成雙尾翼。原本An-124的後部貨艙門也隨之廢除。但若An-225在電影等處登場時，有時還是會加上貨艙門，請多加留意。

廢除An-124原有的後部貨艙門

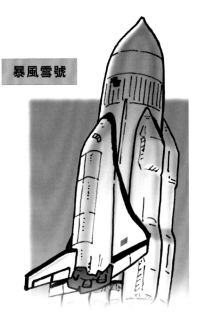

暴風雪號

別名「蘇聯版太空梭」的載人太空穿梭機。1988年以無人狀態測試發射成功，但計畫隨蘇聯解體而中止。

An-124　　　An-225

裝卸貨物時會向前傾斜

超大酬載量

蘇聯解體後，該機移交給烏克蘭，提供租賃服務，為全世界運送大型貨物。它的貨物酬載量達到250t（也有資料寫說是300t），無疑獨步全球。

輸…輸了…

▼美國的C-5B銀河式酬載量也只有118t

An-225的小故事：作為An-225基礎的An-124也是款知名的巨人機。機身尺寸幾乎與C-5同等，酬載量為150噸，超越C-5B的118噸。它也是首次在這種大型機上採用類比式線傳飛控系統，設計算是相當先進的。至於An-124較具特色的機構則是它的加壓系統；其機身分為2層，上層的駕駛艙、士兵艙維持0.55氣壓，下層貨艙則調整為0.25氣壓。這是蘇聯製運輸機特有的機構，由於不用全機採用耐高壓結構，因此可以減輕重量。

BOEING YAL-1
波音 YAL-1

美利堅合眾國
2002年
刊載於 Scale Aviation 2021年9月號

SPECIFICATION

全長	70.6m
翼展	64.4m
全高	19.4m
空重	18萬1120kg
最大起飛重量	39萬6893kg
最大速度	1014km/h
最大航程	1萬5570km
乘員	6人
發動機	GECF6（276kN）×4
武裝	COIL×1

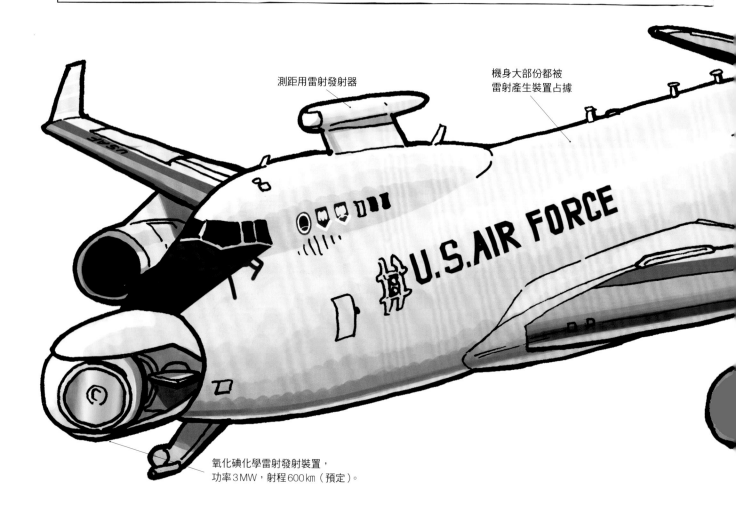

測距用雷射發射器

機身大部份都被
雷射產生裝置占據

U.S. AIR FORCE

氧化碘化學雷射發射裝置，
功率3MW，射程600km（預定）。

作為美國推進飛彈防禦戰略的一環，美國空軍與飛彈防禦署計畫研製一款攔截彈道飛彈用的空射型雷射。改造波音747貨機的YAL-1為其實驗機，加裝雷射發射裝置與飛彈偵測、射擊管制系統。自2007年正式展開測試，利用改造自KC-135的標靶機與F-16反覆進行追蹤實驗。2009年使用飛毛腿飛彈實施攔截測試，但由於射程距離遠低於想定，計畫於2011年中止。

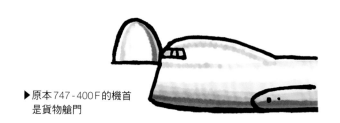

▶原本747-400F的機首
是貨物艙門

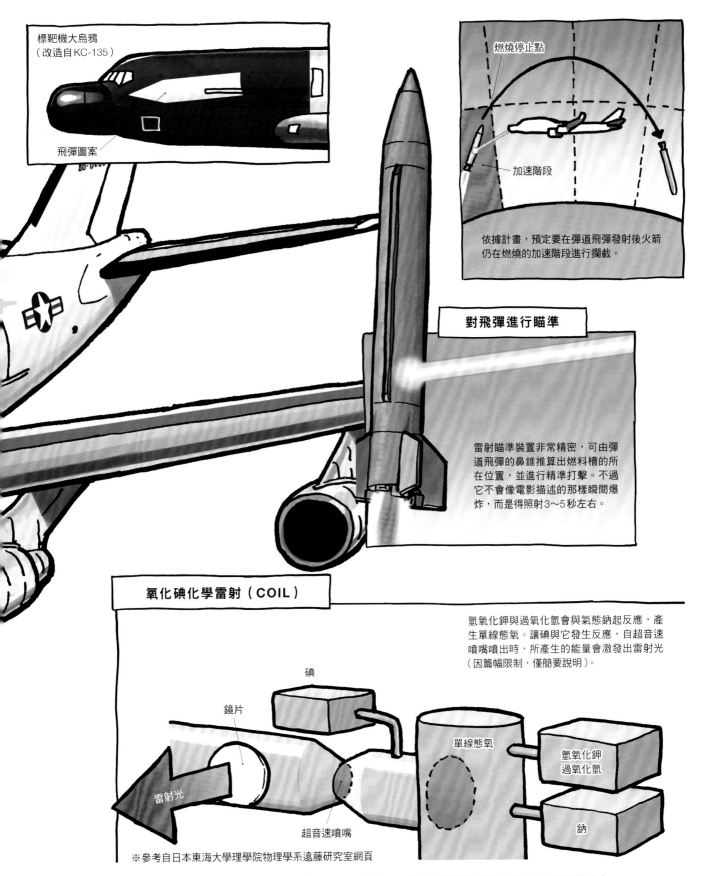

標靶機大烏鴉
（改造自 KC-135）

飛彈圖案

燃燒停止點

加速階段

依據計畫，預定要在彈道飛彈發射後火箭仍在燃燒的加速階段進行攔截。

對飛彈進行瞄準

雷射瞄準裝置非常精密，可由彈道飛彈的鼻錐推算出燃料槽的所在位置，並進行精準打擊。不過它不會像電影描述的那樣瞬間爆炸，而是得照射 3～5 秒左右。

氧化碘化學雷射（COIL）

氫氧化鉀與過氧化氫會與氣態鈉起反應，產生單線態氧。讓碘與它發生反應，自超音速噴嘴噴出時，所產生的能量會激發出雷射光（因篇幅限制，僅簡要說明）。

碘

鏡片

單線態氧

氫氧化鉀
過氧化氫

雷射光

超音速噴嘴

鈉

※參考自日本東海大學理學院物理學系遠藤研究室網頁

波音 YAL-1 的小故事：堪稱 YAL-1 最佳拍檔的 KC-135 改造標靶機「大烏鴉」是一款比 YAL-1 還要神秘的機型。依據不同照片，機身上下有時會裝上大型整流罩，有時則無，到底是如何變遷的詳情不明。它還會在機身側面漆上飛彈圖案，有些照片也拍到噴嘴呈現噴出火焰的樣子。有資料顯示在機身側面裝有標靶電子看板，可能是以 LED 或其他方式顯示噴焰也說不定。至於使用 F-16 的實驗，則會讓 F-16 推力全開進行鑽升，以追蹤其排放的熱氣。

COLUMN.3

《巨人機的時代》是航空模型雜誌《雙月刊Scale Aviation》的人氣連載單元，而巨人機在航空器當中應該算是一個稍微偏門的類別。除了介紹與機型有關的小故事外，以簡單易懂的方式描繪機體結構，藉此傳達其魅力的渡邊信吾到底是個怎麼樣的人呢？

文／寒河江雅樹

將探究結構原理的樂趣
藉由插圖傳達給下一代

航空器是渡邊最擅長的插畫領域，其原由是如何呢？他的外祖父退休後考入農業大學，開始繪製植物、精描插畫作為興趣，具有藝術家特質。除此之外，也很喜歡以巴沙木骨架搭配肯特紙來製作飛機模型。渡邊小時候在放暑假時，不僅會在月曆背面畫圖，也會每年組裝這種飛機模型，讓外祖父檢查後和弟弟一起擲飛玩耍。像是機翼的上反角等知識，也是藉由外祖父得知。透過飛機模型，他培養出「構造是很重要的」概念。其實，他的外祖父在第二次世界大戰開戰前畢業於培養航空技勤人員的航空工業學校，戰爭期間從事過零戰的組裝，可說是十分紮實的航空從業人員，這著實令人驚訝。

另外，他的祖父也與航空器關係匪淺，戰爭期間曾於立川飛行機的製造部門工作。祖父原本是製作五斗櫃的工匠，入伍後因為木工技術了得被調派至修理飛機螺旋槳的部門，並分發至海軍航空隊基地。基地的跑道上滿是貝殼，飛機起降時會吹起貝殼刮傷螺旋槳。為

了修理螺旋槳，家具工匠的塗漆技術便能派上用場。祖父退伍後進入立川飛行機的模型製作部門擔任塗裝工人，同樣是紮實的航空從業人員。就這層意義而言，渡邊可說是拜環境所賜，受到祖父與外祖父的影響，讓他打穩愛好飛機的基礎。

不管是航空器還是甲冑，渡邊首先關注的都是它們的構造。當然，他會先確認外觀與設計是否有誤，然後再進入「調查」階段，提升向內探究的興趣。

「所以形狀才會長這樣啊」，調查之後就會產生這種發現，一步步滿足求知欲望。這種喜悅若講得誇張一點，可以用「構造好萌」來形容，這就是渡邊從小累積的插圖畫力，也正是其魅力所在。

將來的目標？渡邊對此答道「如果有人看到我畫的插圖後，能因此跟我一樣對許多事物的構造產生興趣，並且以此為樂，那就再好不過了。雖然希望同類變多的這種想法，有點像是惡魔的思維，但我真的希望有人能在看到這樣的插圖後，立志成為像我這樣的插畫家」。

◀小學看的童書《怪傑佐羅力（Poplar／出版）》其實也有造成影響。怪傑佐羅力每次解決事件時，都會拿出一些神秘機器。書中有跨頁圖解說這些機器，渡邊特別喜歡看這些內部構造解說，這樣的體驗也造就他後來「樂於描繪構造」的興趣。

▲被飛機觸動後，少年渡邊又在電視上看到宮崎駿導演的《紅豬》。他每天不斷地重複觀看錄影帶，甚至每句台詞都能背出來，可見這部作品對他的衝擊有多大。為此他曾想去當飛行員，因而加入田徑社鍛鍊體能，但卻因近視而不得不放棄。高二時轉換志向，往專業插畫家發展。《紅豬》的原作是宮崎導演在模型雜誌《月刊Model Graphix》上連載的《飛行艇時代》（大日本繪畫／出版）。除了薩沃亞S.21試製戰鬥飛行艇外，對於內部機構的描繪更是有如實機真的存在一般。

◀大學畢業時，他向Scale Aviation編輯部投稿插圖，在開始連載《巨人機的時代》前，曾畫過菲力斯杜F.2A，是他在商業上的出道作品。

COLUMN.3

▶雖然《巨人機的時代》也有描繪內部構造，但這些畫風大異其趣的技術插圖則比較偏向寫實。但「向讀者解說構造原理」的本質卻未改變。這些並非商業作品而是依興趣而畫的圖，在蒐集資料、理解構造為什麼會做成這樣之後，不知不覺就會對其加重興趣，然後越陷越深。

▶渡邊的另一項專門領域是甲冑的相關物件。在學生時代，他也曾立志要當奇幻作品的漫畫家，因此認為需要蒐集甲冑資料。他本來就很喜歡「調查」各種事物，因此對於甲冑和鎧甲，除了構造原理外，在時代與政治背景方面也會深入調查。雖然後來沒能成為漫畫家，但基於這些知識所繪製出的插圖仍有投稿到網站上，並不斷地向各出版社毛遂自薦。能正確、詳細地繪製甲冑相關插圖，是一項相當罕見的技術，因而受到青睞，出了3本書。就讀美術大學時念的日本美術史，對於甲冑與武具等兵器都會刻意迴避，幾乎沒有提及。因為這樣的關係，這些實用書目前在市面上仍舊寥寥可數。

《圖解武器與甲冑》（樋口隆晴共著／ONE PUBLISHING／出版2020年）
《插圖詳解日本甲冑》（MAAR社／出版2021年）
《西洋甲冑＆武具作畫資料》（玄光社／出版2017年）

▲石川潤一撰寫的《巨人機的時代 美國空軍轟炸機軍用史》（文林堂／出版 1993 年）。以照片與長文詳細介紹從 B-9 到 XB-70、從美國陸軍航空隊時代到 1947 年以降美國空軍的轟炸機歷史。

石川潤一
JUN-ICHI ISHIKAWA

1954 年生於東京都。曾任職於航空器專門雜誌「航空 Fan」編輯部，1985 年成為自由作者，投稿航空 Fan（文林堂）、JWings（Ikaros 出版）、軍事研究（Japan Military Review）、世界的艦船（海人社）」等軍事、航空雜誌，並撰寫、翻譯許多書籍。除了日本，也會前往海外取材，是位全方位的軍事評論家。TAMIYA 的 1 / 48 F-14A 模型解說文字也是由他負責撰寫的。

EPILOGUE
後記

文／石川潤一

「巨人機的時代」這標題真是相當令人心動。不論古今東西，人類對於巨大建築物與巨像都懷有憧憬，且抱持敬畏。到了 20 世紀，隨著科學技術進步，巨大構造物變得可以在空中自在飛翔，這就是「巨人機」。渡邊連續繪製巨人機長達 6 年，我認為他之所以能如此熱衷，其原動力應該就是來自對巨人機的憧憬。

將近 30 年前，我曾寫過一本《巨人機的時代 美國空軍轟炸機軍用史》（文林堂／出版）。當時光是要找美國空軍轟炸機的資料就已經費盡苦心，因此我很能體會持續連載「巨人機的時代」是一件多麼花工夫的事情。然而，對於他能找到足以付出此等熱情的「事物」，卻也令我相當稱羨。當年心中的雀躍感，如今竟又再度甦醒。

時至今日，基於經濟效益與環境負擔的觀點，巨大客機已遭人嫌惡，接連消逝無蹤。但著迷於巨人機的航空工程師想必仍是所在多有，他們應該能夠應用革新的技術，以全新形態再度創造出巨人機吧。沒錯，「巨人機的時代」想必沒有這麼容易就畫下句點。

這種艱澀的話題就先放到一旁，巨人機著實相當討喜，不須多做解釋。它擁有近乎奢侈的冗餘空間，可以盡情塞入各種創意。不妨試著沉浸在巨人機的魅力中，管它有沒有匿蹤、能不能超音速巡航，這種瑣事通通不必在意，這就是巨人機的魅力所在，也是它的可怕之處。本書可說是通往巨人機世界的入口，而且還改成彩色的，使得樂趣更上一層樓。

不知各位讀者有沒有在本書裡找到中意的巨人機呢？希望能有更多人對「巨人機的時代」感到怦然心動，正是因此才寫下這篇推薦。

巨人機的時代──圖解世界大戰航空名機

THE GLORIOUS DAYS OF GIANT BOMBERS

出　　　版／楓書坊文化出版社
地　　　址／新北市板橋區信義路163巷3號10樓
郵 政 劃 撥／19907596　楓書坊文化出版社
網　　　址／www.maplebook.com.tw
電　　　話／02-2957-6096
傳　　　真／02-2957-6435
作　　　者／渡邊信吾
翻　　　譯／張詠翔
責 任 編 輯／陳鴻銘
內 文 排 版／楊亞容
港 澳 經 銷／泛華發行代理有限公司
定　　　價／480元
初 版 日 期／2023年10月

SPECIAL THANKS

宮武一貴
石川潤一
株式会社スタジオぬえ
株式会社玄光社
株式会社マール社
株式会社ワン・パブリッシング
株式会社文林堂／航空ファン編集部
株式会社レミック
株式会社ウエイド

國家圖書館出版品預行編目資料

巨人機的時代：圖解世界大戰航空名機 ／ 渡
邊信吾作；張詠翔譯. -- 初版. -- 新北市：楓
書坊文化出版社, 2023.10　　面；　公分

ISBN 978-986-377-903-2（平裝）

1. 軍機　2. 圖錄

598.6　　　　　　　　　　　　112014541